# 连续体结构拓扑优化方法及应用

龙凯　王选　孙鹏文　刘鑫　著

中国水利水电出版社
www.waterpub.com.cn

·北京·

## 内 容 提 要

本书介绍了结构优化基本概念、分类和各类连续体结构拓扑优化方法的概念；其次介绍了结构优化中常见的序列显式近似概念和拓扑优化中常见响应量的敏度分析；接着介绍了变密度方法和独立连续映射方法在宏观结构拓扑优化、材料微结构设计、材料/结构一体化设计等方面的研究进展和相关研究工作。本书收录了大量的相关视频资料、相关软件操作、专题讲解等内容。

本书可以作为高等学校中机械、土木、力学、能源等相关专业结构优化课程的教材，也可供其他专业和有关工程技术人员参考。

## 图书在版编目（CIP）数据

连续体结构拓扑优化方法及应用 / 龙凯等著. -- 北京：中国水利水电出版社，2022.2
ISBN 978-7-5226-0511-1

Ⅰ. ①连… Ⅱ. ①龙… Ⅲ. ①网络拓扑结构－结构最优化 Ⅳ. ①TP393.022

中国版本图书馆CIP数据核字(2022)第037586号

| 书　　名 | 连续体结构拓扑优化方法及应用 LIANXUTI JIEGOU TUOPU YOUHUA FANGFA JI YINGYONG |
|---|---|
| 作　　者 | 龙凯　王选　孙鹏文　刘鑫　著 |
| 出版发行 | 中国水利水电出版社 （北京市海淀区玉渊潭南路 1 号 D 座　100038） 网址：www. waterpub. com. cn E-mail：sales@waterpub. com. cn 电话：(010) 68367658（营销中心） |
| 经　　售 | 北京科水图书销售中心（零售） 电话：(010) 88383994、63202643、68545874 全国各地新华书店和相关出版物销售网点 |
| 排　　版 | 中国水利水电出版社微机排版中心 |
| 印　　刷 | 清凇永业（天津）印刷有限公司 |
| 规　　格 | 140mm×203mm　32 开本　5.25 印张　141 千字 |
| 版　　次 | 2022 年 2 月第 1 版　2022 年 2 月第 1 次印刷 |
| 印　　数 | 0001—2000 册 |
| 定　　价 | 53.00 元 |

# 前　言

　　近年来，结构拓扑优化理论与方法日益成熟并得到了长足发展，其应用范围涵盖了航空航天、军工、汽车、土木等诸多领域，优化问题的物理背景也从重量、静刚度等拓展到结构动力学、局部强度与疲劳、传热学、振动与噪声等多物理场、多学科，优化层次从单一的宏观结构发展到材料微观结构、材料和结构一体化设计方面。受到工业设计的需求，一些主流的有限元软件和专业的结构优化软件也发展出拓扑优化设计等功能，工程技术人员也开始熟练掌握这些功能并应用于工程结构设计。近年来，由于工业对能源需求的日益增长，海上风电越来越受到重视，然而在风荷载和海浪联合作用的复杂环境下，风电机组结构的刚强度受到挑战。对于结构设计工程师来说，不仅要设计出满足设计要求的产品，还需要进一步降低结构重量与成本，使海上风电机组具备全生命周内单位电量成本低的优势。对于风电专业的研究生而言，所面临的挑战之一是如何将拓扑优化理论方法与工程实际相结合，并根据海上风电机组设计的实际工程需要，提出满足设计要求的拓扑优化列式，编制程序或实现商品化的二次开发，并在未来的工程问题中有所应用。

　　有鉴于此，为了适应风电专业研究生教学的需求，使得风电专业的研究生具备有限元分析、拓扑优化设计方法的基本认识，编写了这本教材。

　　本书第 1 章介绍了结构优化基本概念和分类，以及各类拓扑优化方法，包括均匀化方法、变密度方法、进化式结构优化方法、独立连续映射方法、水平集方法，以及近年来火热兴起的几何显式表达拓扑优化方法的简介；第 2 章介绍了结构优化中常见的序列显式近似和拓扑优化中常见敏度分析；第 3 章介绍了变密度方法在几何非线性问题、瞬态动力学问题中的应用；第 4 章介绍了独立连续映射方法近年来在失效—安全设计、多相材料结构设计、应力约束拓扑优化等方面的研究进展；第 5 章介绍了拓扑优化方法在材料设计上的应用；第 6 章介绍了结构与材料一体化设计方面的研究工作。

本书出版得到了华北电力大学"双一流"研究生人才培养项目、华能集团总部科技项目——海上风电与智慧能源系统科技专项的资助，在此表示感谢。本书由华北电力大学新能源电力系统国家重点实验室龙凯副教授、合肥工业大学工程力学系王选讲师、内蒙古工业大学机械工程学院孙鹏文教授、中国华能集团清洁能源技术研究院有限公司刘鑫高级工程师撰写，绪论部分中的水平集方法由华南理工大学土木与交通学院魏鹏副教授撰写，第 3.2 节和第 3.3 节内容为指导研究生陈卓和杨晓宇完成。除此之外，研究生张承婉参加了本书的整理工作，感谢他们辛苦地工作和付出的宝贵时间。鉴于作者的水平有限，书中内容可能有不恰当的地方，请各位读者多有包涵，也希望能与作者有更深入的沟通与交流。

龙凯

longkai1978@163.com

2021 年 11 月

# 目　　录

# 第1章 绪 论

CAE 和结构
优化

## 1.1 结构优化基本概念与分类

"传统的结构设计，在某种程度上可理解为一门艺术，要求
人们根据经验或通过奇思妙想去创造设计方案"[1]。传统结构设
计的特点在于：产品结构性能的优劣主要取决于设计人员的经验
和水平，存在周期长、人力物力消耗大、效率低的缺点；设计中
存在着大量的简化和经验，准确性不够高。不可否认的是，基于
传统的经验设计在产品结构设计中发挥了重要的作用，一些产品
结构可谓是巧夺天工，令人叹为观止。但由于缺乏严格和科学的
定量分析计算，通常难以得到最优的设计方案，特别是对于影响
因素较多的复杂结构设计更是如此，难以适应高速发展的现代工
业要求。结构分析方法的广泛应用成为结构设计中的一次飞跃，
科学分析计算取代了传统的"艺术"设计，产品结构性能由随意
性转变为可控性。20 世纪 60 年代初，国内外力学和数学研究者
的共同努力使得结构分析方法尤其是有限元理论具备了牢固的理
论基础。随着计算机技术的迅猛发展，各类复杂工程结构问题已
广泛开展了结构分析方法的应用。有限元法、数学规
划法的广泛应用和计算机技术的迅猛发展为结构优化
设计奠定了软、硬件上的基础。Schmit[2] 提出的系统
综合的概念，标志着现代结构优化思想的诞生和形
成。至 70 年代初，结构优化沿着数学规划法和优化
准则法两条截然不同的途径分别发展，在此期间，基于
法求解的结构优化方法占据了明显优势。优化准则法分为直观的
准则法和理性的准则法，满应力法是前者的典型代表，它仅适用

CAD&CAE
的前世今生

于强度约束问题。而与之类似的以位移、频率等为约束条件的优化准则法则是通过数学规划中的库-塔克（Kuhn - Tucker）条件建立优化迭代式，属于理性的准则法。从数学优化模型的角度去理解，优化准则法用约束条件的满足代替了目标函数取极值，这在某种程度上具有一定道理，因为工程最优结构往往处于约束条件的临界状态。准则法的优点在于计算简单，优化求解计算量对设计变量数目多少不敏感，计算效率高，但对于不同类型的优化问题需采用不同的优化准则，适用性差，且优化计算的收敛性没有保证。相比较而言，数学规划法具有更加坚实的理论基础和广泛的适用性，近似概念的提出也大大提高了数学规划法的求解效率。到20世纪70年代末期，准则法和规划法的优化求解效率已较为接近，且两者之间相互吸收对方的优点，优化思路和手段具有一定相似性。

根据设计变量不同，结构优化由易到难分为尺寸（或截面）优化、形状优化和拓扑优化。尺寸优化属于结构优化中较低的层次，目前理论方法较为成熟，在工程领域已有较好的应用。根据结构对象不同，结构优化分为离散体结构优化和连续体结构优化。离散体结构通常指骨架类结构，以桁架、刚架结构最为典型，而连续体结构指膜、板、壳、实体及组合结构。离散体结构优化具有一些特有的难点，如设计变量具有离散性、桁架结构应力约束拓扑优化问题中存在奇异最优解。连续体结构优化特别是拓扑优化已成为近30年来结构优化领域内最热门和最具有挑战的研究方向之一。连续体拓扑优化指在给定的区域内，寻求结构的某种布局（如结构有无孔洞、孔洞的位置、孔洞的数量以及结构连接方式等），使其能够在满足一定约束条件下，设计目标达到最优（如结构重量最轻）。相对于尺寸优化和形状优化，拓扑优化的结构潜力更大，但在模型构造和优化求解等方面也更为困难。常见的拓扑优化方法大致可以分为两类：材料分配型和边界演化型。材料分配型的拓扑优化方法包括均匀化方法、固体各向同性材料惩罚（solid isotropic material with penalization,

SIMP）方法、渐进结构优化方法（evolutionary structural optimization，ESO）、独立连续映射（independent continuous mapping，ICM）方法。水平集方法（level set method，LSM）、移动变形组件（moving morphable components，MMC）方法属于边界演化类型。下面对这些常见的拓扑优化方法进行简单的介绍。

## 1.2 均匀化方法

均匀化方法

　　结构拓扑优化最早可以追溯到程耿东和 Olhoff 开展薄板厚度优化，首次引入了肋骨密度微结构[3]。受上述研究启发，1988 年 Bendsoe 和 Kikuchi[4]首次提出连续体拓扑优化概念和基于均匀化理论的连续体拓扑优化方法——均匀化方法（homogenization method）。均匀化法在连续介质中引入微孔结构，宏观匀质材料通过周期性分布的非匀质微孔结构进行描述，以微孔结构的尺寸变量为设计变量对连续体结构拓扑进行数学定量描述，将拓扑优化问题转化为微孔结构尺寸优化问题。图1.1 所示的二维单元微孔结构，将微孔结构长度 $\mu_1$、$\mu_2$ 和旋转角度 $\theta$ 作为设计变量，在取值范围内具有三种状态：空孔结构、实体结构和开孔结构。尽管均匀化法有明确的数学基础和物理意义

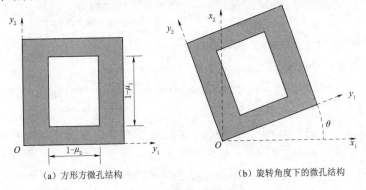

(a) 方形方微孔结构　　　　　　(b) 旋转角度下的微孔结构

图 1.1　二维单元微孔结构

并且得到的结果具有网格无关性，但该方法计算量大且复杂，目前关于该方法的研究工作已较少。

## 1.3 变密度方法

变密度方法

变密度法受均匀化法启发，但不引入微孔结构。以每个单元的相对密度 $\rho_e$ 作为设计变量，建立密度变量与材料参数（如弹性模量、热导率）之间的函数关系（插值模型），具有设计变量少、敏度推导简单且求解效率高的优点。变密度法中常见的插值模型有固体各向同性惩罚微结构模型[5-6]和材料属性的有理近似模型（rational approximation of material properties，RAMP)[7]。

### 1.3.1 SIMP 插值

在 SIMP 插值模型中，单元弹性模量表达为

$$E_e = \rho_e^p E_0 \qquad (1.1)$$

式中　$E_e$——单元弹性模量；

　　　$E_0$——单元弹性模量；

　　　$\rho_e$——单元相对密度，为了避免有限元计算中的数值奇异性，下限通常可取 $\rho_e = 10^{-3}$；

　　　$p$——惩罚因子，在柔顺度最小化问题中，通常可取 $p = 3$。

由图 1.2 可知，对于中间密度值（$0 < p < 1$），其比刚度 $E/\rho$ 在 $p = 1$ 时较大，对应的比刚度值在 $p > 1$ 时较小。设计变量在 $0 \sim 1$ 的数值，这一性质将驱动设计变量朝两端，即 0 或 1 变化，这是 SIMP 插值模型能尽可能获得 0/1 设计变量的原因。从这个意义上来讲，SIMP 模型的核心特征在于对惩罚插值模型的处理上。式（1.1）中，为了避免有限元分析的奇异性，单元相对密度最小值通常可取 0.001，在改进型的 SIMP 插值中，密度变量下限值可取 0，数学表达式为

$$E_e = E_{\min} + (E_0 - E_{\min})\rho_e^p \qquad (1.2)$$

式中　$E_{\min}$——单元弹性模量下限值，通常可取 $E_{\min} = E_0/10^9$。

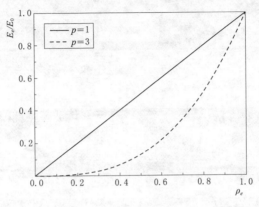

图 1.2　SIMP 插值模型

改进的 SIMP 插值模型与原有模型的区别在于，设计变量 $\rho_e$ 能够严格取值为 0，并有效避免了有限元分析的数值奇异性。

除 SIMP 插值模型外，Stople 和 Svanberg 还提出了 RAMP 插值模型，具体数学表达式[7]为

$$E_e = \frac{\rho_e}{1 + q(1 - \rho_e)}E_0 \qquad (1.3)$$

式中　$q$——惩罚因子。

实际应用中，RAMP 插值模型能自然避免动态拓扑优化中的局部模态现象，在动力学优化问题中有所应用。

### 1.3.2　数值不稳定性现象

在变密度方法拓扑优化结果中，普遍存在着两类数值不稳定性问题，即棋盘格现象和网格依赖性问题。如图 1.3 所示，最优拓扑结构出现有无单元交错布置的现象，因类似国际象棋盘而闻名。网格依赖性指针对同一拓扑优化问题，优化结果随离散网格的不同而有所不同，如图 1.4 所示，当离散网格越细密，则结构细节特征越明显。棋盘格现象和网格依赖性问题容易同时发生，

通常消除网格依赖性的措施同样具有抑制棋盘格现象的作用。

图 1.3　棋盘格现象

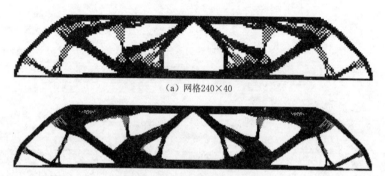

（a）网格240×40

（b）网格480×80

图 1.4　网格依赖性问题

对于上述两类数值不稳定问题，常见的解决方法包括：①采用精度更高的高阶单元、非协调元和杂交元等；②引入周长概念，通过限制周长上限来抑制棋盘格现象的出现；③在优化列式中增加密度梯度约束；④将拓扑优化结果视为数字图像，引入数字图像处理中的过滤技术来抑制临近单元密度变量的剧烈变化。上述方法中，除高阶等参元法等从减小数值误差的角度出发，其余方法均是从抑制现象产生角度提出工程实用化措施。周长约束和密度梯度约束均以约束方程的形式纳入到优化列式中，给优化求解造成了困难。上述方法中，早期的敏度过滤技术尽管是一种启发式方法，但由于具有类似梯度约束法的效果，同时易于编程实现而得到了广泛的应用。敏度过滤是对目标函数柔顺度关于设计变量的敏度进行过滤，具体数学表达式为

$$\frac{\partial \tilde{c}}{\partial \rho_e} = \frac{1}{\sum\limits_{i \in N_e} \omega_{ei} \rho_e} \sum\limits_{i \in N_e} \omega_{ei} \rho_i \frac{\partial c}{\partial \rho_i} \qquad (1.4)$$

其中 $\qquad\qquad \omega_{ei} = \max[0, r_{min} - dist(e, i)] \qquad (1.5)$

式中 $\quad \dfrac{\partial \tilde{c}}{\partial \rho_e}$ ——过滤后对柔顺度敏度；

$\qquad \omega_{ei}$ ——权函数；

$dist(e, i)$ ——单元 $e$ 和单元 $i$ 质心位置距离；

$\qquad r_{min}$ ——过滤半径。

由式（1.4）可知，依据单元中心距离权值的大小对敏度值进行平均修正，避免了区域单元密度敏度值交替高低激烈变化，从而消除了棋盘格现象；过滤半径 $r_{min}$ 对应于结构制造加工上的最小尺寸，其选取不随单元尺寸大小变化，具有明确的工程意义。

### 1.3.3 两场 SIMP 方法

与过滤敏度不同，Bruns 和 Tortorelli[8] 以及 Bourdin[9] 将单元密度视为过滤对象，提出了密度过滤的概念，将过滤前的密度视为设计变量，将过滤后的密度称为物理密度，参与结构体积计算和有限元计算。由于设计变量和物理密度形成了两个相互关联的场，也可将密度过滤称为两场 SIMP 方法。在数值实现上，密度过滤可采用求解偏微分方程（partial differ equation，PDE）结合 Neumann 型边界条件描述[10]，即

$$-r^2 \nabla \tilde{\boldsymbol{\rho}} + \tilde{\boldsymbol{\rho}} = \boldsymbol{\rho} \qquad (1.6)$$

$$\frac{\partial \tilde{\boldsymbol{\rho}}}{\partial \boldsymbol{n}} = 0 \qquad (1.7)$$

采用 PDE 过滤方式的好处在于，可将过滤过程转化为线性有限元求解，对于非规则网格同样具有适用性。由于每个节点仅有一个自由度，且对应的有限元总刚度阵保持不变，相对于传统的过滤搜索算法具有计算量小优点，具体的实施方法可参考文献[10]。

### 1.3.4 三场 SIMP 方法

无论是敏度过滤还是密度过滤，拓扑优化结果中均不可避免

地存在着中间密度，而中间密度不是真实存在的材料，有必要将其消除。由此，诞生了三场 SIMP 方法，即在过滤密度的基础上，通过投影方式实现过滤密度的清晰化。常见的投影方式，有 Heaviside 函数、修正 Heaviside 函数等，即

$$\overline{\rho}_e = 1 - \mathrm{e}^{-\beta \tilde{\rho}_e} + \tilde{\rho}_e \mathrm{e}^{-\beta} \tag{1.8}$$

$$\overline{\rho}_e = \mathrm{e}^{-\beta(1-\tilde{\rho}_e)} - (1-\tilde{\rho}_e)\mathrm{e}^{-\beta} \tag{1.9}$$

式中　$\beta$——控制陡峭程度的参数。

不同 $\beta$ 数值对应的曲线，即投影函数如图 1.5 所示。

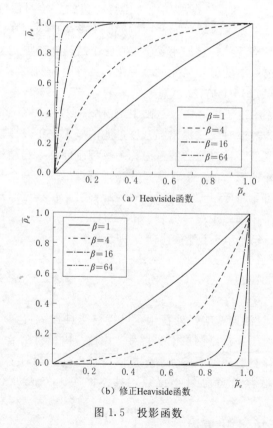

（a）Heaviside 函数

（b）修正 Heaviside 函数

图 1.5　投影函数

由图 1.5 可知，随着 $\beta$ 数值的增加，Heaviside 函数越接近

阶跃函数；修正 Heaviside 函数则在密度值大部分区间接近 0。三场 SIMP 方法中，通常采用参数 $\beta$ 渐进增大的策略获取清晰的拓扑优化结果。

上述函数将导致体积比约束在投影前后数值发生突变，造成优化求解的困难。Xu 等[11] 提出保体积投影函数，其数学表达式为

$$\bar{\rho}_e = \begin{cases} \eta\left[e^{-\beta(1-\rho_e/\eta)} - (1-\rho_e/\eta)e^{-\beta}\right], & 0 \leqslant \rho_e < \eta \\ \eta, & \rho_e = \eta \\ \{1 - \eta[1 - e^{-\beta(\rho_e-\eta)/(1-\eta)} + (\rho_e-\eta)e^{-\beta}/(1-\eta)]\} + \eta, & \eta < \rho_e \leqslant 1 \end{cases}$$

$$(1.10)$$

式中　$\eta$——保体积参数，通过投影前后体积值不变性来确定。

Wang 等[12] 提出统一型表达式

$$\bar{\rho}_e = \frac{\tanh(\beta\eta) + \tanh[\beta(\tilde{\rho}_e - \eta)]}{\tanh(\beta\eta) + \tanh[\beta(1-\eta)]} \tag{1.11}$$

由式（1.11）可知，该函数主要由正切函数构成。当参数 $\eta$ 分别为 0.5 和 0.3 时，不同 $\beta$ 值下的函数曲线，即正切型投影型函数如图 1.6 所示。

Wang 等[12] 提出了稳健型 SIMP 拓扑优化列式，其数学表达式为

$$\min: \max[c(\eta_e), c(\eta_i), c(\eta_d)]$$
$$\text{s. t. } \boldsymbol{KU}^e = \boldsymbol{F}$$
$$\boldsymbol{KU}^i = \boldsymbol{F}$$
$$\boldsymbol{KU}^d = \boldsymbol{F}$$
$$0 \leqslant \rho_e \leqslant 1 \tag{1.12}$$

式（1.12）中，上标 $e$、$i$ 和 $d$ 分别代表腐蚀（erode）、中间（immediate）和膨胀（dilate）场。

在应用拓扑优化列式（1.12），即 min - max 列式，随着设计变量的改变，三个优化目标顺序可能会发生改变，从而带来数值震荡现象。实际上优化列式（1.12）可以转化为边界方式，引入一个辅助变量 $\Delta$，则有

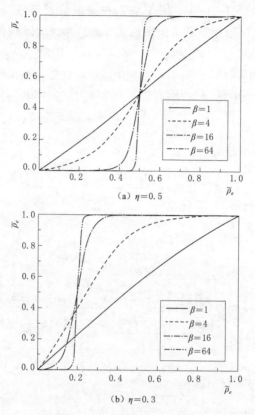

(a) $\eta=0.5$

(b) $\eta=0.3$

图 1.6　正切型投影型函数

$$\begin{cases} \qquad \min_{:}\Delta \\ \text{s. t. } c(\eta_e) \leqslant \Delta, c(\eta_i) \leqslant \Delta, c(\eta_d) \leqslant \Delta \\ \qquad \boldsymbol{K}\boldsymbol{U}^e = \boldsymbol{F} \\ \qquad \boldsymbol{K}\boldsymbol{U}^i = \boldsymbol{F} \\ \qquad \boldsymbol{K}\boldsymbol{U}^d = \boldsymbol{F} \\ \qquad 0 \leqslant \rho_e \leqslant 1 \end{cases} \qquad (1.13)$$

式（1.13）的目标函数为引入辅助变量 $\Delta$，具有光滑可微性，同时确定了原有问题中三个目标函数的上界，故而三个目标函数的最小化可以通过最小化 $\Delta$ 来实现。

在 SIMP 方法方面，有一些用于研究学习的开源程序，最典型的包括基于 Matlab 软件的经典 99 行[13]、88 行[14]、新 99 行程序[15]和三维版本[16]程序。

99 行程序

程序拓展

进化式结构优化方法

## 1.4　进化式结构优化方法

Xie 和 Steven[17]提出基于离散变量的渐进式结构优化方法（ESO），是一种可解决各类拓扑优化问题的通用型方法。其基本思想是通过逐渐删除无效或低效的单元来达到结构优化的目的。ESO 法最大的好处在于算法简单，通用性好，易于商用化有限元软件进行二次开发。ESO 法的缺点之一在于只允许删除而不允许增加单元，优化结果受删除率和进化率两个参数影响较大，且优化效率较低。Querin 等[18]提出的双向渐进结构优化方法（bi‐directional evolutionary structural optimization，BESO）在结构优化中能同时增加或删除单元，提高了优化效率。经过多年发展，BESO 已被广泛应用于各类优化问题的求解。Xia 等[19]对近年来 BESO 的发展应用作出了综合性叙述和展望。Huang 和 Xie 等出版了关于 BESO 方法的专著[20]。

BESO 法在插值模型上借鉴了 SIMP 方法，保留了设计变量的二元性（即设计变量只有 0、1 两种状态）。以结构总应变能为例，敏度数 $\alpha_e$ 与单元设计变量间的映射关系可表示为

$$\alpha_e = -\frac{1}{p}\frac{\partial C_{1/2}}{\partial \rho_e} = \begin{cases} \dfrac{1}{2}\boldsymbol{U}_e^{\mathrm{T}}\boldsymbol{K}_e^0\boldsymbol{U}_e, & \rho_i = 1 \\[2mm] \dfrac{\delta^{(p-1)}}{2}\boldsymbol{U}_e^{\mathrm{T}}\boldsymbol{K}_e^0\boldsymbol{U}_e, & \rho_i = \delta \end{cases} \tag{1.14}$$

优化开始时，假设初始设计变量为 $\rho_e = 1$，在每一轮迭代中对敏度数进行由大到小排序，并根据敏度数阈值删除一定比例材料，通过渐进的方式逐渐满足特定约束条件。BESO 法也存在着棋盘格和网格依赖性问题，可基于过滤敏度数克服。由于设计变量的二元性质，导致敏度数跳跃明显，难以保证迭代的稳定性和收敛性，可通过平均第 $l$（当前迭代数）和 $l-1$ 次的敏度数来克服。常用的收敛准则为：以当前迭代数为基准，当前 6～10 次与前 1～5 次目标函数平均值的改变量小于指定值时即停止迭代。图 1.7 为基于 BESO 方法的短悬臂梁拓扑优化结果，其特点在于单元无中间密度值。

BESO 商品
化软件演示

图 1.7　基于 BESO 方法的短悬臂梁拓扑优化结果

## 1.5　独立连续映射方法

独立连续映射方法

独立连续映射（independent continuous mapping，ICM）方法以独立于单元具体物理参数的变量来表征单元的有和无[21]。独立指的是拓扑变量具有独立层次，不依附于具体物理参数，如弹性模量。连续是指拓扑变量是连续的。映射包含三层含义：一是为了协调独立和连续之间的矛盾，借助过滤函数建立离散拓扑变量和连续拓扑变量间的映射；二是指优化模型的求解用到了原模型和对偶模型之间的映射；三是求解之后由连续模型向离散模型的逆向映射，又称为反演。

ICM 方法由隋允康于 1996 年提出，迄今为止，已经解决了包括节点位移约束、整体应力约束、频率约束、谐振下节点振幅等约束的重量最小化问题，并在材料插值模型的构建方面也做了相应的研究，系列性研究成果可参考文献 [22 - 23]。本书在后面章节中，仍会详细介绍该方法在连续体结构拓扑优化各类问题中的新进展。图 1.8 为 ICM 方法在赵州桥拓扑优化设计中的应用。

图 1.8　独立连续映射方法的典型应用

# 1.6　水 平 集 方 法

水平集方法

如图 1.9 所示，水平集法（LSM）是由 Osher 和 Sethian[24] 提出的采用高一维水平集函数（level set function，LSF）隐式追踪动态界面的一种数值方法，于 2000 年首次被

Sethian 和 Wiegmann[25]引入到拓扑优化设计中。基于 LSM 的拓扑优化方法不仅能够设计出具有光滑边界的结果,还可避免棋盘格现象和应力奇异现象等,因此在王煜等[26]和 Allaire 等[27]完善了灵敏度分析理论之后得到了迅速发展。传统的 LSM 拓扑优化方法采用的都是离散的 LSF,所以在优化过程中需要求解 Hamilton - Jacobi 方程,这时不仅要进行速度场扩展和重新初始化等操作,还要限制优化步长以满足 Courant - Friedrichs - Lewy 条件。针对这一问题,王生印、王煜、罗震和魏鹏等[28-31]先后采用全局径向基函数和紧支径向基函数插值构造出参数化 LSF,并选取基函数的插值系数作为设计变量,通过十分简单的参数优化方式实现了对低一维结构的拓扑优化,无须求解偏微分方程。除参数化水平集方法外,针对传统水平集方法,国内外学者也在不断进行改进,如拓扑描述函数方法[32]、隐式参数化方法[33]、非线性水平集方法[34]、分片常数水平集方法[35]、引入界面能的水平集方法[36]、速度场水平集方法等,目前水平集拓扑优化方法在很多领域得到了广泛的应用。随着拓扑优化领域的不断发展,水平集方法与密度类方法不断互相借鉴,呈现出逐渐融合的趋势[37-39]。图 1.10 为 LSM 在工程问题上的典型应用,获取的结构具有清晰光滑的边界。

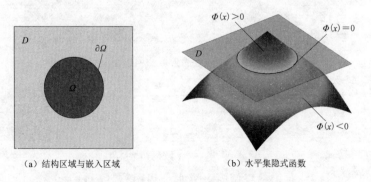

(a) 结构区域与嵌入区域　　　(b) 水平集隐式函数

图 1.9　结构区域 $\Omega$ 及其相应的水平集函数 $\Phi(x)$

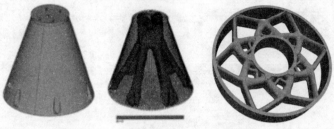

(a) 卫星承力支架设计　　　　　　(b) 车轮设计

(c) 涂层结构设计

图 1.10　水平集方法的典型应用

# 1.7　几何显式表达拓扑优化方法

几何显示表达拓扑优化方法

　　近年来基于组件或孔洞特征描述的显式拓扑优化方法引起了越来越多的关注，其中基于组件描述的方法有移动可变形组件法（MMC）[40-41]，几何映射法（geometry projection method）[42]，及它们的变式，特征驱动法（feature–driven topology optimization method）[43]和移动可变形杆件法（moving morphable bars method）；基于孔洞描述的方法有移动可变形孔洞法［moving morphable void（MMV）approach］[44]。与隐式拓扑优化方法不同，这些显式拓扑优化方法以可变形的组件或孔洞为基本设计图元（图 1.11），以描述组

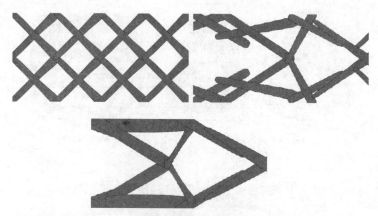

（a）基于组件特征描述

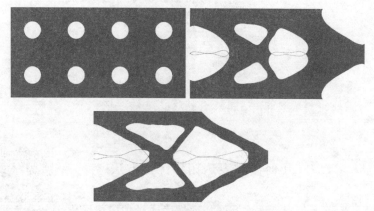

（b）基于孔洞特征描述

图 1.11　显式拓扑优化方法

件或孔洞的尺寸、形状、位置、方向等几何参数作为设计变量，通过更新这些几何参数来实现组件或孔洞的移动、变形、交叉、重叠，进而实现结构拓扑构型的变化。这些显式拓扑优化方法都使用可微分的映射或策略将离散的几何组件或孔洞投影到固定的分析网格上，这使得最终的拓扑构型与分析网格的数目无关，实现优化模型与分析模型的解耦，可有效避免随着组件或孔洞特征的移动导致网格重新剖分的烦琐过程，提高计算效率。与隐式拓扑优化方法相比，显式拓扑优化方法涉及的设计变量相对较少，具有显式和精确的几何信息，可以方便地集成到计算机辅助设计（CAD）系统中。如图 1.12 所示，显式拓扑优化可有效解决拓扑优化领域诸多挑战性问题，包括最小尺寸控制[45-46]、设计自支撑结构[47]、应力相关的设计问题等[48-49]。

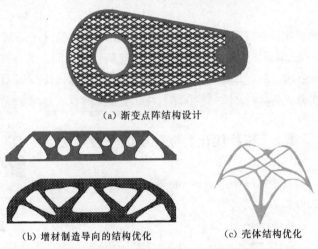

（a）渐变点阵结构设计

（b）增材制造导向的结构优化　　　　　　（c）壳体结构优化

图 1.12　显式拓扑优化方法的典型应用

## 1.8　本章总结

本章介绍了包括均匀化方法、变密度方法、进化式结构拓扑优化方法、独立连续映射方法、水平集方法和几何显式表达拓扑优化方法的基本概念、特点以及简单应用。

# 第2章  序列显式近似和敏度分析

## 2.1  引　　言

对于实际的工程问题，设计变量与结构响应量（structural response）之间通常为隐式函数关系。结构拓扑优化问题的处理方式通常是生成一系列的显式近似子问题来替代原优化问题，优化求解直至收敛。本章将介绍一些在结构优化中常见的显式处理方式[50]。

## 2.2  拓扑优化套嵌问题的一般解法

结构优化（structural optimization，SO）的数学列式可以表达为

$$(SO)\begin{cases} \min: g_0(x) \\ \text{s. t. }: g_i(x) \leqslant 0, i=1,2,\cdots,NI \\ x_e^{\min} \leqslant x_e \leqslant x_e^{\max}, e=1,2,\cdots,NE \end{cases} \quad (2.1)$$

在结构优化中要构造近似函数的原因

式中　　　$x$——设计变量列阵；

$g_0(x)$——目标函数；

$g_i(x)$——约束函数；

$x_e^{\min}$ 和 $x_e^{\max}$——设计变量分量下限和上限值；

$NI$——约束方程数；

$NE$——设计变量数。

与数学规划问题有所不同，结构优化中的结构分析通常采用有限元法获得位移基本解，对于实际的工程问题，很难写出位移解和设计变量之间的显式关系。常见的策略是在当前设计点附近利用已有的信息去逼近原问题的目标函数和约束函数。其中最简

单的逼近方式是采用一阶泰勒展开方式。如果优化问题的非线性程度较高，则线性近似的逼近效果较差，导致优化收敛缓慢甚至发散，则一种好的选择是采用一系列凸优化子问题来逼近原问题，由于凸优化模型的解具有全局最优性，这将有利于子问题的优化求解。常见的近似方法包括序列线性规划、序列二次规划、凸线性化、移动渐进近似等，以下将对这些结构优化中的常见近似方法进行简介。

## 2.3　序列线性规划

序列线性规划
规划

序列线性规划（sequential liner programming，SLP）利用当前设计点附近的一阶泰勒展开实现原问题的目标函数和约束函数。

$$(\text{SLP})\begin{cases} \min: g_0(x^k)+\nabla g_0(x-x^k) \\ \text{s. t. }: g_i(x^k)+\nabla g_i(x-x^k)\leqslant 0 \\ l_e^k\leqslant x_e-x_e^k\leqslant u_e^k, e=1,2,\cdots,NE \end{cases} \qquad (2.2)$$

式中　$l_e^k$ 和 $u_e^k$——设计变量 $x_e$ 的移动极限。

线性规划 SLP 可以采用简单、成熟的优化算法求解，如单纯形法。由于线性近似的误差较大，甚至会导致优化迭代无法收敛。引入运动极限的通过限制设计点的变化范围来减少线性近似的误差。运动极限的引入在较大程度上影响了 SLP 的优化效率。

## 2.4　序列二次规划

序列二次
规划

与 SLP 有所不同，如果原优化问题中目标函数采用二次泰勒近似展开，则得到序列二次规划（sequential quadratic programming，SQP）表达式

$$(\text{SQP})\begin{cases} \min: g_0(x^k)+\nabla g_0(x-x^k)+\dfrac{1}{2}(x-x^k)^T\boldsymbol{H}(x^k)(x-x^k) \\ \text{s. t. }: g_i(x^k)+\nabla g_i(x-x^k)\leqslant 0 \end{cases}$$

$$(2.3)$$

式中　$\boldsymbol{H}(x^k)$——$g_0$ 函数在 $x^k$ 点的海塞矩阵。

与 SLP 相比，SQP 近似程度较高，在一些构造 SQP 求解的优化问题中，对设计变量限制的运动极限不太重要，甚至在优化求解中取消运动极限。在连续体结构拓扑优化中，通常结构响应量的二阶敏度难以获取，通常采用拟牛顿法构造近似二阶敏度[51-56]。

## 2.5　凸 线 性 化

凸线性化

SLP 和 SQP 是对非线性优化问题的一般性处理方法，这两类方法并没有充分利用结构分析和结构优化中的一些特殊性性质。对于静定桁架结构的研究可以得出，桁架结构的应力约束和位移约束可以线性化为截面积倒数 $1/A$ 的精确函数。对于非静定桁架和连续体结构，有理由相信对截面积倒数 $1/A$ 线性化处理的近似精度较好。基于上述原因，Fleury[57-58]提出凸线性化（convex linearization，CONLIN）方法。

首先对于目标函数 $g_0(x)$ 和约束函数 $g_i(x)$ 引入复合函数 $y=y(x)$，采用一阶泰勒展开得

$$g_i(x)=g_i(x^k)+\sum_{j=1}^{J}\frac{\partial g_i(x^k)}{\partial y_j}\big[y_j(x_j)-y_j(x_j^k)\big] \quad (2.4)$$

根据链式求导法则

$$\frac{\partial g_i(x^k)}{\partial y_j}=\frac{\partial g_i(x^k)}{\partial x_j}\frac{\mathrm{d}x_j(x_j^k)}{\mathrm{d}y_j}=\frac{\partial g_i(x^k)}{\partial x_j}\frac{1}{\dfrac{\mathrm{d}y_j}{\mathrm{d}x_j(x_j^k)}} \quad (2.5)$$

当 $y_j=x_j$，则有

$$g_{ij}^{l,k}(x)=\frac{\partial g_i(x^k)}{\partial x_j}(x_j-x_j^k) \quad (2.6)$$

当 $y_j=1/x_j$，则有

$$g_{ij}^{R,k}(x)=\frac{\partial g_i(x^k)}{\partial x_j}x_j^k\left(1-\frac{x_j^k}{x_j}\right) \quad (2.7)$$

根据敏度的符号来选择中间变量 $y_j$，则得到 CONLIN 近似

$$g_i^{C,k}(x) = g_i(x^k) + \sum_{j \in \Omega+} g_{ij}^{L,k}(x) + \sum_{j \in \Omega-} g_{ij}^{R,k}(x) \qquad (2.8)$$

式中定义集合

$$S_+ = \{j, \partial g_i(x^k)/\partial x_j > 0\}, S_- = \{j, \partial g_i(x^k)/\partial x_j \leqslant 0\} \qquad (2.9)$$

式 (2.8) 说明，当梯度分量数值为正，则采用正变量线性化函数；反之，则采用倒变量线性化函数。

可以证明，CONLIN 近似包含以下重要性质：

(1) CONLIN 近似是原函数的一阶近似，即展开点处，近似函数值和一阶偏导数与原函数函数值和一阶偏导数的结果是一致的。

(2) CONLIN 是显式凸近似。

(3) CONLIN 是变量分离型近似函数。

## 2.6 移动渐近线法

移动渐近
线法

CONLIN 近似在结构优化问题中得到普遍应用，但是过于保守的近似会导致优化迭代收敛减慢，而在有些情况下会导致优化求解发散。Svanverg[59-60] 提出移动渐进线法（method of moving asymptotes，MMA），MMA 算法采用中间变量为

$$y_j(x_j) = \frac{1}{x_j - L_j}, y_j(x_j) = \frac{1}{U_j - x_j} \qquad (2.10)$$

式中 $L_j$ 和 $U_j$——移动渐进线，并满足 $L_j < x_j < U_j$。

在设计点 $x^k$，MMA 近似函数的表达式为

$$g_i^{M,k}(x) = \sum \left( \frac{p_{ij}^k}{U_j^k - x_j} + \frac{q_{ij}^k}{x_j - L_j^k} \right) \qquad (2.11)$$

其中

$$p_{ij}^k = \begin{cases} (U_j^k - x_j^k)^2 \dfrac{\partial g_i(x)}{\partial x_j}, & \dfrac{\partial g_i(x)}{\partial x_j} > 0 \\ 0, & \text{其他} \end{cases} \qquad (2.12)$$

$$q_{ij}^{k} = \begin{cases} 0, & \dfrac{\partial g_i(x)}{\partial x_j} \geqslant 0 \\ -(x_j^k - L_j^k)^2 \dfrac{\partial g_i(x)}{\partial x_j}, & \text{其他} \end{cases} \quad (2.13)$$

MMA 近似包含以下重要性质：

（1）与 CONLIN 近似类似，MMA 近似是原函数的一阶近似。

（2）MMA 是显式凸近似。

（3）MMA 是变量分离型近似函数。

（4）SLP 和 CONLIN 是 MMA 的特例，当 $L_j^k \to -\infty$，$U_j^k \to +\infty$ 即为 SLP 近似；当 $L_j^k = 0$，$U_j^k \to \infty$，即为 CONLIN 近似。

## 2.7　数值算例

【算例 1】　已知函数 $g(x) = x + x^2 - x^4/40$，计算函数在 $x = 1$ 和 $x = 6$ 点的 CONLIN 近似。

函数 $g(x)$ 的导数表达式为 $\dfrac{\partial g(x)}{\partial x} = 1 + 2x - \dfrac{x^3}{10}$，根据 CONLIN 近似得

$$g^C(x) = \begin{cases} g^L(x) = 1.975 + 2.9(x - 1), & x = 1 \\ g^R(x) = 9.6 - 51.6/x(x - 6), & x = 6 \end{cases} \quad (2.14)$$

为了便于比较，将 $x = 1$ 和 $x = 6$ 的线性近似和倒变量近似绘制于图 2.1 中。

由图 2.1 可知，在 $x = 1$ 和 $x = 6$ 附近，$g^C$ 总是大于或等于 $g^L$ 和 $g^R$，体现了 CONLIN 近似的保守性。

【算例 2】　考虑与算例 1 相同的函数 $g$。计算函数在 $x^0 = 1$ 点的 MMA 近似函数。因为导数 $g_x(x^0) = 2.9 > 0$，故 $g$ 线性化为变量 $1/(U^0 - x)$ 的函数。图 2.2 所示为 MMA 上渐近线近似函数。注意观察，在 $U^0$ 逐渐远离 $x^0$ 的过程中，近似函数的保守程度是如何逐渐减弱的。对于 $U^0 = 10^4$，近似函数几乎是线性的。

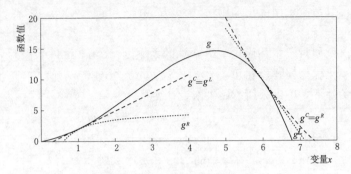

图 2.1　函数 $g$ 的 CONLIN 近似

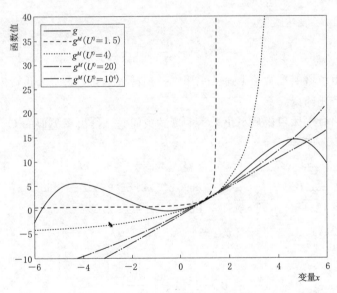

图 2.2　MMA 上渐近线近似函数

# 2.8　优 化 准 则 法

　　在结构拓扑优化求解中，除了采用上述基于数学规划的序列规划求解外，对于单一约束的优化问题，

优化准则法

还可以考虑采用优化准则法（optimality criteria，OC）进行迭代求解[61]。

例如对于拓扑优化中最常见的柔顺度（compliance，简写 $c$）最小化优化列式，在单一体积比（volume fraction，简写 $V$）约束条件下，可以采用 OC 更新设计变量 $\rho_e$，有

$$\rho_e^{k+1}=\begin{cases}\max(\rho_e^{\min},\rho_e-m), & \rho_e B_e^{\eta}\leqslant\max(\rho_e^{\min},\rho_e-m)\\ \rho_e B_e^{\eta}, & \max(\rho_e^{\min},\rho_e-m)<\rho_e B_e^{\eta}<\min(1,\rho_e+m)\\ \min(1,\rho_e+m), & \min(1,\rho_e+m)\leqslant\rho_e B_e^{\eta}\end{cases}$$

$$(2.15)$$

式中　$m$——运动极限。

$B_e$ 表达式为

$$B_e=-\frac{\partial c}{\partial \rho_e}\Big/\bar{\lambda}\frac{\partial V}{\partial \rho_e}\qquad(2.16)$$

其中拉格朗日乘子 $\bar{\lambda}$ 通常采用二分法搜索得到，直至满足设定的体积比约束。

对于体积比最小化，柔顺度约束问题，给出了类似的 OC 表达式，即

$$\rho_e^{k+1}=\begin{cases}\max(\rho_e^{\min},\rho_e-m), & \rho_e B_e^{\eta}\leqslant\max(\rho_e^{\min},\rho_e-m)\\ \rho_e B_e^{\eta}, & \max(\rho_e^{\min},\rho_e-m)<\rho_e B_e^{\eta}<\min(1,\rho_e+m)\\ \min(1,\rho_e+m), & \min(1,\rho_e+m)\leqslant\rho_e B_e^{\eta}\end{cases}$$

$$(2.17)$$

这里

$$B_e=\left(-\bar{\bar{\lambda}}\frac{\partial c}{\partial \rho_e}\Big/\frac{\partial V}{\partial \rho_e}\right)^{\frac{1}{2}}\qquad(2.18)$$

式（2.18）中拉格朗日乘子 $\bar{\bar{\lambda}}$ 通常采用二分法搜索得到，直至满足柔顺度等式约束。这里采用线性泰勒展开或者倒变量下线性泰勒近似来判断等式约束成立，即

$$c^k+\sum_{e=1}^{NE}\frac{\partial c}{\partial \rho_e}\Big|_{\rho_e^k}\left[\rho^{k+1}(\bar{\bar{\lambda}})-\rho^k\right]\approx 0\qquad(2.19)$$

或

$$c^k + \sum_{e=1}^{NE} \frac{\partial c}{\partial \rho_e}\bigg|_{\rho_e^k} \frac{\rho^k}{\rho^{k+1}(\bar{\bar{\lambda}})}[\rho^{k+1}(\bar{\bar{\lambda}}) - \rho^k] \approx 0 \qquad (2.20)$$

在数值实现方面，由于通常情况下倒变量下线性泰勒展开的近似程度较高，通常推荐采用式（2.20）来判断等式成立。

## 2.9 敏度分析

无论是构造目标函数和约束函数的近似表达式，还是运用OC准则算法求解，在0/1变量松弛为连续变量的前提下，通常需要结构响应量对设计变量的一阶或高阶导数信息来更新设计变量，本节将推导一些常见的结构响应量的一阶敏度表达式[61]。

### 2.9.1 柔顺度敏度分析

结构静态柔顺度定义为 $c = \mathbf{F}^{\mathrm{T}}\mathbf{U}$。以最常见的变密度法为例，设计变量为单元相对密度 $\rho_e$，构造增广拉格朗日函数

$$c = \mathbf{F}^{\mathrm{T}}\mathbf{U} + \lambda^{\mathrm{T}}(\mathbf{K}\mathbf{U} - \mathbf{F}) \qquad (2.21)$$

式（2.21）两边对 $\rho_e$ 求偏导得

$$\frac{\partial c}{\partial \rho_e} = \frac{\partial \mathbf{F}^{\mathrm{T}}}{\partial \rho_e}\mathbf{U} + \mathbf{F}^{\mathrm{T}}\frac{\partial \mathbf{U}}{\partial \rho_e} + \lambda^{\mathrm{T}}\left(\frac{\partial \mathbf{K}}{\partial \rho_e}\mathbf{U} + \mathbf{K}\frac{\partial \mathbf{U}}{\partial \rho_e} - \frac{\partial \mathbf{F}}{\partial \rho_e}\right)$$

$$= (\mathbf{F}^{\mathrm{T}} + \lambda^{\mathrm{T}}\mathbf{K})\frac{\partial \mathbf{U}}{\partial \rho_e} + \left(\frac{\partial \mathbf{F}^{\mathrm{T}}}{\partial \rho_e}\mathbf{U} - \lambda^{\mathrm{T}}\frac{\partial \mathbf{F}}{\partial \rho_e}\right) + \lambda^{\mathrm{T}}\frac{\partial \mathbf{K}}{\partial \rho_e}\mathbf{U}$$

$$(2.22)$$

当载荷与结构具有无关性时，即 $\frac{\partial \mathbf{F}}{\partial \rho_e} = 0$。定义伴随方程 $\mathbf{F}^{\mathrm{T}} + \lambda^{\mathrm{T}}\mathbf{K} = 0$，考虑到刚度阵 $\mathbf{K}$ 的对称性可得

$$\mathbf{K}\lambda = -\mathbf{F} \qquad (2.23)$$

由 $\mathbf{K}\mathbf{U} = \mathbf{F}$ 可知 $\lambda = -\mathbf{U}$，则敏度表达式为

$$\frac{\partial c}{\partial \rho_e} = -\mathbf{U}^{\mathrm{T}}\frac{\partial \mathbf{K}}{\partial \rho_e}\mathbf{U} \qquad (2.24)$$

由式（2.24）可知，尽管引入了伴随向量 $\lambda$，柔顺敏度分析表达式仅包含位移向量 $\mathbf{U}$，所以柔顺度敏度是自伴随表达式。

式（2.24）可以降格至单元级计算，即

$$\frac{\partial c}{\partial \rho_e} = -\boldsymbol{u}_e^{\mathrm{T}} \frac{\partial \boldsymbol{k}_e}{\partial \rho_e} \boldsymbol{u}_e \qquad (2.25)$$

式中　$\boldsymbol{u}_e$——单元位移矢量；

　　　$\boldsymbol{k}_e$——单元刚度阵。

### 2.9.2　节点位移敏度分析

节点位移分量 $U_j$ 表达为

$$U_j = \boldsymbol{\Gamma}_j^{\mathrm{T}} \boldsymbol{U} \qquad (2.26)$$

节点位移
敏度

式中　$\boldsymbol{\Gamma}_j$——向量 $[0, 0, \cdots, 1, \cdots 0]^{\mathrm{T}}$，在第 $j$

个分量值为 1，其余分量值为 0。

对式（2.26）两边求导可得

$$\frac{\partial U_j}{\partial \rho_e} = \boldsymbol{\Gamma}_j^{\mathrm{T}} \frac{\partial \boldsymbol{U}}{\partial \rho_e} \qquad (2.27)$$

由平衡方程 $\boldsymbol{KU} = \boldsymbol{F}$ 可得 $\boldsymbol{K} \dfrac{\partial \boldsymbol{U}}{\partial x_i} + \dfrac{\partial \boldsymbol{K}}{\partial x_i} \boldsymbol{U} = 0$，引入伴随向量 λ 有

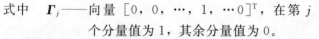

$$\frac{\partial U_j}{\partial \rho_e} = \boldsymbol{\Gamma}_j^{\mathrm{T}} \frac{\partial \boldsymbol{U}}{\partial \rho_e} - \boldsymbol{\lambda}_j^{\mathrm{T}} \left( \boldsymbol{K} \frac{\partial \boldsymbol{U}}{\partial \rho_e} + \frac{\partial \boldsymbol{K}}{\partial \rho_e} \boldsymbol{U} \right) = (\boldsymbol{\Gamma}_j^{\mathrm{T}} - \boldsymbol{\lambda}_j^{\mathrm{T}} \boldsymbol{K}) \frac{\partial \boldsymbol{U}}{\partial \rho_e} - \boldsymbol{\lambda}_j^{\mathrm{T}} \frac{\partial \boldsymbol{K}}{\partial \boldsymbol{\lambda}_j^{\mathrm{T}}} \boldsymbol{u}$$

$$(2.28)$$

定义伴随方程

$$\boldsymbol{K\lambda} = \boldsymbol{\Gamma}_j \qquad (2.29)$$

由此可得节点位移分量的敏度表达式为

$$\frac{\partial U_j}{\partial \rho_e} = -\boldsymbol{\lambda}^{\mathrm{T}} \frac{\partial \boldsymbol{K}}{\partial \rho_e} \boldsymbol{U} \qquad (2.30)$$

与式（2.24）类似，式（2.30）同样可以降至单元级计算。由式（2.30）可知，节点位移的敏度并非自伴随问题，获取某一节点敏度信息需要进行两次有限元计算。

### 2.9.3　模态频率敏度分析

无阻尼自由振动方程为

$$\boldsymbol{K\phi}_j = \omega_j^2 \boldsymbol{M\phi}_j \qquad (2.31)$$

式中　$\boldsymbol{M}$——总质量阵；

$\omega_j$——第 $j$ 次的特征圆频率;

$\boldsymbol{\phi}_j$——第 $j$ 次特征向量。

式（2.31）两边对密度变量 $\rho_e$ 求偏导得

$$\frac{\partial \boldsymbol{K}}{\partial \rho_e}\boldsymbol{\phi}_j + \boldsymbol{K}\frac{\partial \boldsymbol{\phi}_j}{\partial \rho_e} = \frac{\partial \omega_j^2}{\partial \rho_e}\boldsymbol{M}\boldsymbol{\phi}_j + \omega_j^2\frac{\partial \boldsymbol{M}}{\partial \rho_e}\boldsymbol{\phi}_j + \omega_j^2\boldsymbol{M}\frac{\partial \boldsymbol{\phi}_j}{\partial \rho_e} \tag{2.32}$$

式（2.32）两边乘以 $\boldsymbol{\phi}^{\mathrm{T}}$ 可得

$$\boldsymbol{\phi}_j^{\mathrm{T}}\frac{\partial \boldsymbol{K}}{\partial \rho_e}\boldsymbol{\phi}_j + \boldsymbol{\phi}_j^{\mathrm{T}}\boldsymbol{K}\frac{\partial \boldsymbol{\phi}_j}{\partial \rho_e} = \boldsymbol{\phi}_j^{\mathrm{T}}\frac{\partial \omega_j^2}{\partial \rho_e}\boldsymbol{M}\boldsymbol{\phi}_j + \omega_j^2\boldsymbol{\phi}_j^{\mathrm{T}}\frac{\partial \boldsymbol{M}}{\partial \rho_e}\boldsymbol{\phi}_j + \omega_j^2\boldsymbol{\phi}_j^{\mathrm{T}}\boldsymbol{M}\frac{\partial \boldsymbol{\phi}_j}{\partial \rho_e}$$

$$\tag{2.33}$$

式（2.31）两边乘以 $\left(\dfrac{\partial \boldsymbol{\phi}_j}{\partial \rho_e}\right)^{\mathrm{T}}$ 得

$$\left(\frac{\partial \boldsymbol{\phi}_j}{\partial \rho_e}\right)^{\mathrm{T}}\boldsymbol{K}\boldsymbol{\phi}_j = \omega_j^2\left(\frac{\partial \boldsymbol{\phi}_j}{\partial \rho_e}\right)^{\mathrm{T}}\boldsymbol{M}\boldsymbol{\phi}_j \tag{2.34}$$

将式（2.34）代入式（2.33）得

$$\frac{\partial \omega_j^2}{\partial \rho_e} = \frac{\boldsymbol{\phi}_j^{\mathrm{T}}\dfrac{\partial \boldsymbol{K}}{\partial \rho_e}\boldsymbol{\phi}_j - \omega_j^2\boldsymbol{\phi}_j^{\mathrm{T}}\dfrac{\partial \boldsymbol{M}}{\partial \rho_e}\boldsymbol{\phi}_j}{\boldsymbol{\phi}_j^{\mathrm{T}}\boldsymbol{M}\boldsymbol{\phi}_j} \tag{2.35}$$

在动力学中，特征向量 $\boldsymbol{\phi}_j$ 对于质量阵 $\boldsymbol{M}$ 具有规一化性质 $\boldsymbol{\phi}_j^{\mathrm{T}}\boldsymbol{M}\boldsymbol{\phi}_j = 1$，则式（2.35）简化为

$$\frac{\partial \omega_j^2}{\partial \rho_e} = \boldsymbol{\phi}_j^{\mathrm{T}}\frac{\partial \boldsymbol{K}}{\partial \rho_e}\boldsymbol{\phi}_j - \omega_j^2\boldsymbol{\phi}_j\frac{\partial \boldsymbol{M}}{\partial \rho_e}\boldsymbol{\phi}_j^{\mathrm{T}} \tag{2.36}$$

值得注意的是，上述频率敏度推导仅适用于无重频情况。对于重频情况下的敏度推导，可参考文献 [62] 相关内容。

## 2.10  本 章 小 结

本章重点介绍了结构优化中常见的近似函数，包括序列线性规划、序列二次规划、凸线性化和移动渐进线法等以构造显式表达式。并介绍了拓扑优化中伴随敏度推导方式，并给出了常见结构响应量的敏度表达式。

# 第3章　SIMP 方法在各类拓扑优化
# 问题中的应用

## 3.1　引　言

本章将开展基于 SIMP 方法的几何非线性问题和瞬态动力学问题中的建模与求解研究。针对几何非线性问题，重点考察分布力载荷下的最大节点位移，以此作为约束条件，采用空间包络型函数作为最大节点位移的代理模型[63]。针对瞬态动力学问题，重点以时间域上的最大响应为条件，采用时间域的包型函数作为最大响应的代理模型[64]。针对上述两种问题，分别给出了数值算例，通过对比分析，证明提出方法的可行性和优越性。

## 3.2　几何非线性问题拓扑优化

### 3.2.1　几何非线性拓扑优化相关研究

Bulh 等[65]首次讨论了几何非线性拓扑优化问题中不同目标函数对优化结果的影响，最小化目标函数包括柔顺度、加权柔顺度和互补弹性功。Kemmler 等[66]研究了大变形条件下拓扑优化问题的优化准则，如应变能、端部柔顺度和端部刚度。

低密度区域中单元形状畸变容易导致几何非线性拓扑优化的异常终止。针对这一问题，Pedersen 等[67]提出直接忽略被低密度单元包围的节点内力，放宽 Newton - Raphson 收敛准则。Luo 等[68]引入附加超弹性材料模型，有效缓解了低密度区域产生的过度变形和数值失稳。Lahuerta 等[69]提出多凸本构关系，以保证切线刚度矩阵的正定性。Wang 等[70]提出几何非线性拓扑优化的能量插值模型，并与不同的超弹性材料模型进行了对比。Wallin 等[71]提出考虑切线刚度的有限应变拓扑优化方法，并与传统的割线刚度定义的结果进行了对比。几何非线性拓扑优化的稳健性问题也较为突出。Bruns 等[72]研究了几何非线性拓扑优化中的穿越现象，提出了鲁棒弧长方法来增强算法的收敛稳健性。Gomes 和 Senne[73]利用序列分段线性规划法求解凸分段线性规划子问题，方法具备较好的收敛性和稳健性。Jansen 等[74]提出具备稳健性的几何非线性拓扑优化方法，考虑了几何缺陷及其对结构稳定性的潜在不利影响。

除 SIMP 方法外，Huang 和 Xie[75]提出基于 BESO 方法的材料非线性和几何非线性结构刚度拓扑优化方法。Ha 和 Cho[76]提出基于水平集法的几何非线性结构拓扑优化方法，采用 Delaunay 三角剖分格式表示结构边界，并运用超弹性材料定律处理大应变问题。Zhu 等[77]基于 MMC 法解决了几何非线性优化迭代中组件不连接问题。

除基于有限元法地开展几何非线性拓扑优化研究，Abdi 等[78]提出等值线和等值面概念，运用扩展有限元法提出针对几何非线性拓扑优化问题，该方法可以获得高分辨率拓扑优化解。在无网格法的框架下，Cho 和 Kwak[79]采用密度法在连续设计域内优化材料密度，并采用再现核形状函数来离散位移场和密度场；He 等[80]利用无单元伽辽金法以消除网格畸变问题，采用能量收敛准则以解决低密度区域在优化过程中经常遇到的位移剧烈振荡而难以收敛的问题；Zheng 等[81]在 EFG 法的基础上采用移动最小二乘形状函数逼近位移，并采用惩罚法来加强基本边界条件，提出了二维几何非线性优化列式。

出于教育和研究目的，一些几何非线性拓扑优化方法的代码得到公布。例如，Chen 等[82]提出几何非线性的连续体结构的拓扑设计方法，采用 Matlab 自动调用 ANSYS 软件中的 Neo - Hooken 模型和二阶 Yeoh 模型以规避数值不稳定性，并将相应的代码公开。Zhu[83]等基于有限元软件 FreeFEM 实现了 SIMP

法的几何非线性拓扑优化程序。Han 等[84]基于 Matlab 软件实现了结构柔顺度最小化的 BESO 几何非线性拓扑优化方法。在工程问题中，Li 等[85]提出几何非线性保形概念，提出基于综合变形能量函数的翘曲指标，该方法可用于带固定孔洞的工程结构的优化中。Geiss 等[86]提出一种优化 4D 印刷材料布局的设计方法。

### 3.2.2　几何非线性有限元分析

假设大变形情况是大位移小应变，即在应变运算中需要考虑二阶项，材料行为假设仍处于线弹性阶段。由于几何非线性效应，一般的小变形假设下平衡方程不再适用，需要给出几何非线性情况下的平衡方程的表述。假设外部施加的载荷已知，假设几何非线性过程为时间历程，$t$ 时刻系统有限元平衡方程为

$$\boldsymbol{R}(t)=\boldsymbol{P}^{\text{ext}}(t)-\boldsymbol{P}^{\text{int}}(t)=0 \tag{3.1}$$

式中　$\boldsymbol{P}^{\text{ext}}(t)$——$t$ 时刻外部载荷；

$\boldsymbol{P}^{\text{int}}(t)$——$t$ 时刻节点阻力；

$\boldsymbol{R}(t)$——$t$ 时刻外部载荷与节点阻力的误差。

使用逐步增量的方法将整个时间范围离散化以求解式（3.1），即假设 $t$ 时刻的解是已知的，求 $t+\Delta t$ 时刻的解。$t+\Delta t$ 时刻的平衡方程为

$$\boldsymbol{P}^{\text{ext}}(t+\Delta t)-\boldsymbol{P}^{\text{int}}(t+\Delta t)=0 \tag{3.2}$$

假设 $t+\Delta t$ 时刻的外部载荷 $\boldsymbol{P}^{\text{ext}}(t+\Delta t)$ 不随单元变形而改变。由于 $t$ 时刻的解已知，则

$$\boldsymbol{P}^{\text{int}}(t+\Delta t)=\boldsymbol{P}^{\text{int}}(t)+\Delta\boldsymbol{P}^{\text{int}} \tag{3.3}$$

式中　$\Delta\boldsymbol{P}^{\text{int}}$——$\Delta t$ 时间内节点阻力的增量，可近似为

$$\Delta\boldsymbol{P}^{\text{int}}\approx\boldsymbol{K}_{\text{T}}(t)\Delta\boldsymbol{U} \tag{3.4}$$

其中　$\Delta\boldsymbol{U}$——$\Delta t$ 时间内节点位移增量；

$\boldsymbol{K}_{\text{T}}(t)$——切向刚度矩阵，其表达式为

$$\boldsymbol{K}_{\text{T}}(t)=\frac{\partial\boldsymbol{P}^{\text{int}}(t)}{\partial\boldsymbol{U}(t)} \tag{3.5}$$

切向刚度矩阵由三部分组成，其数学表达式为

$$\boldsymbol{K}_{\text{T}}=\boldsymbol{K}_{\text{L}}+\boldsymbol{K}_{\text{N}}+\boldsymbol{K}_{\text{S}} \tag{3.6}$$

式中　$K_L$——小位移刚度矩阵；

　　　$K_N$——大位移刚度矩阵；

　　　$K_S$——由应力状态引起的切线刚度矩阵。

$K_L$、$K_N$ 和 $K_S$ 的表达式分别为

$$K_L = \int_{V_0} B_{L0}^T C B_{L0} \, dV \tag{3.7}$$

$$K_N = \int_{V_0} (B_{L0}^T C B_{N0} + B_{N0}^T C B_{L0} + B_{N0}^T C B_{N0}) \, dV \tag{3.8}$$

$$K_S = \int_{V_0} G^T Z G \, dV \tag{3.9}$$

式中　$B_{L0}$——与位移无关的线性几何矩阵；

　　　$B_{N0}$——与位移相关的非线性几何矩阵；

　　　$G$——形函数对坐标的导数矩阵；

　　　$Z$——由应力矢量的分量组成的矩阵。

将式（3.3）和式（3.4）代入式（3.2）可得

$$K_T(t) \Delta U = P^{ext}(t + \Delta t) - P^{int}(t) \tag{3.10}$$

同样的，通过计算 $t$ 时刻与 $t + \Delta t$ 的位移来近似计算 $\Delta U$

$$U(t + \Delta t) \approx U(t) + \Delta U \tag{3.11}$$

得到 $\Delta U$ 的近似解后，便可解出 $P^{int}(t + \Delta t)$，并进入下一个时间增量的求解。然而由于式（3.4）的假设存在一定误差，所以必须进行迭代，直到获得式（3.2）足够精确的解。

### 3.2.3　非线性方程组求解

采用增量 Newton‑Raphson 法，在每次进化迭代中找到非线性方程的平衡解。首先将施加载荷 $P^{ext}$ 分成较小的载荷增量集合。然后，从第一个载荷增量开始，使用切线刚度矩阵 $K_T$，计算由载荷增量引起的位移。使用累积位移，获得阻力 $P^{int}$ 并确定施加载荷和阻力之差，即不平衡力 $P^{ext} - P^{int}$。通过计算新的切线刚度矩阵，找到位移和不平衡力，继续在此负载增量处迭代过程。Newton‑Raphson 方法中表达为

$$\begin{cases} \boldsymbol{K}_{\mathrm{T}(it-1)}(t+\Delta t)\Delta \boldsymbol{U}_{it}=\boldsymbol{P}^{\mathrm{ext}}(t+\Delta t)-\boldsymbol{P}^{\mathrm{int}}_{it-1}(t+\Delta t) \\ \boldsymbol{U}_{it}(t+\Delta t)=\boldsymbol{U}_{it-1}(t+\Delta t)+\Delta \boldsymbol{U}_{it} \end{cases} \quad (3.12)$$

式中　$it$——每个时间增量 $\Delta t$ 中 Newton - Raphson 过程的迭代
　　　　次数。

每个时间增量开始时的初始条件为

$$\begin{cases} \boldsymbol{U}_0(t+\Delta t)=\boldsymbol{U}(t) \\ \boldsymbol{K}_{\mathrm{T}(0)}(t+\Delta t)=\boldsymbol{K}_{\mathrm{T}}(t) \\ \boldsymbol{F}_0(t+\Delta t)=\boldsymbol{F}(t) \end{cases} \quad (3.13)$$

收敛的条件是不平衡力和残余位移的欧几里得范数的测量误
差均小于最小值。

### 3.2.4　几何非线性拓扑优化列式建立与求解

采用节点位移指标来衡量几何非线性效应下结构的刚度,这
与现有文献大多采用结构柔顺度或者补偿功来衡量结构刚度不
同。可以通过约束结构位移的最大值来控制全局位移。鉴于采用
三场 SIMP 方法更新 $\beta$ 参数,需要较多的迭代步数才能得到拓扑
优化结果,故而这里采用两场 SIMP 建模。在几何非线性条件
下,以体积最小化为目标函数,结构位移为约束的优化列式为

$$\begin{cases} \mathrm{find}:\boldsymbol{\rho} \\ \min:\mathrm{V}(\tilde{\boldsymbol{\rho}})=\sum_{e=1}^{NE}\tilde{\rho}_e v_0 \\ \mathrm{s.\,t.}:\boldsymbol{R}=\boldsymbol{P}^{\mathrm{ext}}-\boldsymbol{P}^{\mathrm{int}}=0 \\ d_j\leqslant \overline{d}\,(j=1,2,\cdots,J) \\ 0<\rho_{\min}<\rho_i\leqslant 1(i=1,2,\cdots,NE) \end{cases} \quad (3.14)$$

式中　$d_j$——第 $j$ 个控制自由度上节点的位移;

　　　$\overline{d}$——节点位移上界值;

　　　$J$——控制自由度的数量。

上述列式的位移约束存在以下两点问题:第一是产生最大位
移的节点位置会随迭代优化而改变;第二是当控制域选取过大时

会产生过多的位移约束。为了提高求解效率，参考应力约束的拓扑优化方法，采用最大值约束 $\max(d_j) \leqslant \overline{d}$ 来减少约束方程数目。由于节点位移的最大值函数不可微，这并不适用于拓扑优化方法中最常用的梯度求解器。因此，提出基于 $p$ – mean 包络函数的代理模型，将约束方程转化为

节点最大位移敏度

$$d^* = \left[ \frac{1}{J} \sum_j \left( \frac{d_j}{\overline{d}} \right)^\xi \right]^{\frac{1}{\xi}} \leqslant 1 \qquad (3.15)$$

式中　$\xi$——包络参数。

当 $\xi$ 趋于无穷的时候，包络函数 $d^*$ 趋于 1。为了弥补最大值和包络函数之间的差异性，将位移约束改写为 $cp \cdot d^* \leqslant 1$

$cp^{(l)}$ 为第 $l$ 次迭代的校正因子，其表达式为

$$cp^{(l)} = \frac{\max(d_j)^{(l)}}{\overline{d}^{(l)} d^{*(l)}} \qquad (3.16)$$

原始优化列式可改写为

$$\begin{cases} \text{find:} \boldsymbol{\rho} \\ \text{min:} V(\widetilde{\boldsymbol{\rho}}) = \sum_{e=1}^{NE} \widetilde{\rho}_e v_0 \\ \text{s. t. :} \boldsymbol{R} = \boldsymbol{P}^{\text{ext}} - \boldsymbol{P}^{\text{int}} = 0 \\ \widetilde{d}^* \leqslant 1 \\ 0 < \rho_{\min} < \rho_i \leqslant 1 (i = 1, 2, \cdots, NE) \end{cases} \qquad (3.17)$$

### 3.2.5　敏度分析

根据链式求导法则，目标函数 $V$ 和约束函数 $\widetilde{d}^*$ 对设计变量的敏度为

$$\frac{\partial V}{\partial \rho_i} = \sum_{e \in N_i} \frac{\partial V}{\partial \widetilde{\rho}_e} \frac{\partial \widetilde{\rho}_e}{\partial \rho_i} = \sum_{e \in N_i} \frac{1}{\sum_{f \in N_e} H_{ef}} H_{ie} \frac{\partial V}{\partial \widetilde{\rho}_e} \qquad (3.18)$$

$$\frac{\partial \widetilde{d}^*}{\partial \rho_i} = cp \cdot \frac{\partial d^*}{\partial \rho_i} = cp \cdot \sum_{e \in N_i} \frac{\partial d^*}{\partial \widetilde{\rho}_e} \frac{\partial \widetilde{\rho}_e}{\partial \rho_i} = cp \cdot \sum_{e \in N_i} \frac{1}{\sum_{f \in N_e} H_{ef}} H_{ie} \frac{\partial d^*}{\partial \widetilde{\rho}_e}$$

$$(3.19)$$

式（3.18）中表达式 $\partial V / \partial \tilde{\rho}_e = v_0$。

式中　$N_i$，$N_e$——单元 $e$ 或者 $i$ 临近单元的一个集合，这个单元集由以单元 $i$ 或 $e$ 为中心，以 $r_{\min}$ 为半径的圆形区域，单元集合指的是单元中心全部在这个圆形区域内的所有单元。

对式（3.15）求导可得

$$\frac{\partial d^*}{\partial d_j} = \frac{1}{J}\frac{1}{d}\left[\frac{1}{J}\sum_j\left(\frac{d_j}{d}\right)^{\xi}\right]^{\frac{1}{\xi}-1}\left(\frac{d_j}{d}\right)^{\xi-1} \qquad (3.20)$$

包络位移 $d^*$ 对物理密度 $\tilde{\rho}_e$ 的导数为

$$\frac{\partial d^*}{\partial \tilde{\rho}_e} = \sum_j \frac{\partial d^*}{\partial d_j}\frac{\partial d_j}{\partial \tilde{\rho}_e} \qquad (3.21)$$

假设等式 $\boldsymbol{R}=0$ 成立，引入伴随向量 $\boldsymbol{\lambda}$

$$\overline{d}^* = d^* + \boldsymbol{\lambda}^{\mathrm{T}}\boldsymbol{R} \qquad (3.22)$$

式（3.22）对 $\tilde{\rho}_e$ 求导可得

$$\frac{\partial \overline{d}^*}{\partial \tilde{\rho}_e} = \frac{\partial d^*}{\partial \tilde{\rho}_e} + \boldsymbol{\lambda}^{\mathrm{T}}\left(\frac{\partial \boldsymbol{R}}{\partial u}\frac{\partial u}{\partial \tilde{\rho}_e} + \frac{\partial R}{\partial \tilde{\rho}_e}\right) \qquad (3.23)$$

将式（3.5）代入式（3.23）可得

$$\frac{\partial \overline{d}}{\partial \tilde{\rho}_e} = \left(\sum_j \frac{\partial d^*}{\partial d_j}\boldsymbol{\alpha}_j^{\mathrm{T}} - \boldsymbol{\lambda}^{\mathrm{T}}\boldsymbol{K}_{\mathrm{T}}\right)\frac{\partial u}{\partial \tilde{\rho}_e} + \boldsymbol{\lambda}^{\mathrm{T}}\frac{\partial \boldsymbol{R}}{\partial \tilde{\rho}_e} \qquad (3.24)$$

为了消除未知项 $\partial u / \partial \tilde{\rho}_e$，建立伴随方程

$$\boldsymbol{K}_{\mathrm{T}}\boldsymbol{\lambda} = \sum_j \frac{\partial d^*}{\partial d_j}\boldsymbol{\alpha}_j = \boldsymbol{P}^{\mathrm{adj}} \qquad (3.25)$$

式中　$\boldsymbol{P}^{\mathrm{adj}}$——伴随载荷矢量。

通过求解式（3.25），得到随机矢量 $\boldsymbol{\lambda}$ 的值，并将其代入到式（3.24）可得

$$\frac{\partial \overline{d}^*}{\partial \tilde{\rho}_e} = \boldsymbol{\lambda}^{\mathrm{T}}\frac{\partial \boldsymbol{R}}{\partial \tilde{\rho}_e} = (\boldsymbol{K}_{\mathrm{T}}^{-1}\boldsymbol{P}^{\mathrm{adj}})^{\mathrm{T}}\frac{\partial(\boldsymbol{P}^{\mathrm{ext}}-\boldsymbol{P}^{\mathrm{int}})}{\partial \tilde{\rho}_e} = -(\boldsymbol{K}_{\mathrm{T}}^{-1}\boldsymbol{P}^{\mathrm{adj}})^{\mathrm{T}}\frac{\partial \boldsymbol{P}^{\mathrm{int}}}{\partial \tilde{\rho}_e}$$
$$(3.26)$$

为了求解式（3.26），引入两个独立的载荷工况：

$$\boldsymbol{P}^{\mathrm{ext}} - \boldsymbol{P}^{\mathrm{int}}(\tilde{\rho}_e, u) = 0 \qquad (3.27)$$

$$\boldsymbol{P}^{\text{ext}} + b\boldsymbol{P}^{\text{adj}} - \boldsymbol{P}^{\text{int}}(\tilde{\rho}_e, \boldsymbol{u}_a) = 0 \qquad (3.28)$$

其中 $$b = -0.01 \parallel \boldsymbol{P}^{\text{ext}} \parallel$$

式中 $\boldsymbol{u}_a$——第二个载荷工况的位移矢量。

将式（3.28）中的 $\boldsymbol{P}^{\text{int}}(\tilde{\rho}_e, \boldsymbol{u}_a)$ 项进行泰勒展开

$$\boldsymbol{P}^{\text{int}}(\tilde{\rho}_e, \boldsymbol{u}_a) = \boldsymbol{P}^{\text{int}}(\tilde{\rho}_e, \boldsymbol{u}) + \boldsymbol{K}_{\text{T}}(\boldsymbol{u}_a - \boldsymbol{u}) + o(\boldsymbol{u}_a - \boldsymbol{u}) \quad (3.29)$$

由于伴随载荷矢量相对于初始载荷矢量较小，因此忽略式（3.29）中的高阶无穷小量 $o(\boldsymbol{u}_a - \boldsymbol{u})$。将式（3.27）、式（3.28）代入式（3.29）中，可得

$$\Delta \boldsymbol{u} = \boldsymbol{u}_a - \boldsymbol{u} \approx b\boldsymbol{K}_{\text{T}}^{-1}\boldsymbol{P}^{\text{adj}} \qquad (3.30)$$

将式（3.30）代入式（3.26）可得

$$\frac{\partial \overline{d}^{*}}{\partial \tilde{\rho}_e} \approx -\frac{1}{b}(\Delta \boldsymbol{u})^{\text{T}} \frac{\partial \boldsymbol{P}^{\text{int}}(\tilde{\rho}_e, \boldsymbol{u})}{\partial \tilde{\rho}_e} \approx -\frac{1}{b}\frac{\partial(\Delta SE_e)}{\partial \tilde{\rho}_e} \qquad (3.31)$$

### 3.2.6 数值算例

本节采用平面和三维数值算例验证提出方法的有效性。所有算例中材料弹性模量和泊松比分别为 3GPa 和 0.4。采用 MMA 算法更新设计变量。二维和三维结构分别采用四节点平面应力单元和八节点六面体单元离散，单元尺寸为 1mm。为了方便讨论，这里采用符号 $c$ 仍代表最终结构的柔顺度，优化结果中目标函数采用体积比 $V/V_0$ 来表示，其中 $V_0$ 代表密度值全部为 1 时的结构体积。优化迭代最大迭代步数设置为 150 次。

【算例 1】 本算例采用文献［25］的算例来验证方法的可行性和有效性。如图 3.1 所示悬臂梁结构的设计域尺寸为：长 240mm，宽 84mm，顶层四层单元为非设计域。悬臂梁左端面全固定，顶部受到垂直向下均布力，每个节点上的载荷大小为 2.5N。顶部所有节点的垂直位移不超过 15mm。不同包络参数下的拓扑优化结果如图 3.2 所示，不同包络参数下的优化迭代历程如图 3.3 所示。

由图 3.2 和图 3.3 可知，所选包络参数的迭代稳定性均较好。由图 3.3 可知，目标函数和约束函数在不同的包络参数下稳定收敛。在迭代早期阶段，结构最大位移存在明显的振荡，但是迅速收敛并

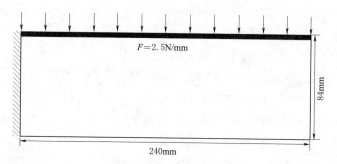

图 3.1　悬臂梁结构

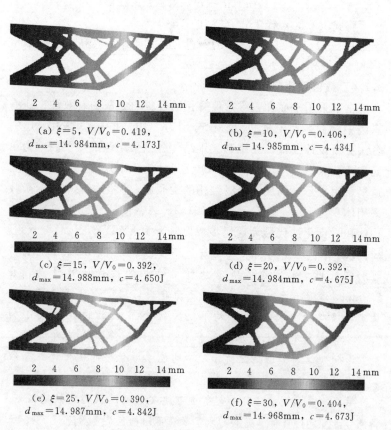

(a) $\xi=5$, $V/V_0=0.419$,
$d_{max}=14.984$mm, $c=4.173$J

(b) $\xi=10$, $V/V_0=0.406$,
$d_{max}=14.985$mm, $c=4.434$J

(c) $\xi=15$, $V/V_0=0.392$,
$d_{max}=14.988$mm, $c=4.650$J

(d) $\xi=20$, $V/V_0=0.392$,
$d_{max}=14.984$mm, $c=4.675$J

(e) $\xi=25$, $V/V_0=0.390$,
$d_{max}=14.987$mm, $c=4.842$J

(f) $\xi=30$, $V/V_0=0.404$,
$d_{max}=14.968$mm, $c=4.673$J

图 3.2　不同包络参数 $\xi$ 下的拓扑优化结果

接近约束的上限。对于较大的 $\xi$，例如 $\xi=30$，在优化过程中将产生振荡。因此在随后的算例讨论中，$\xi$ 取值不大于 25。

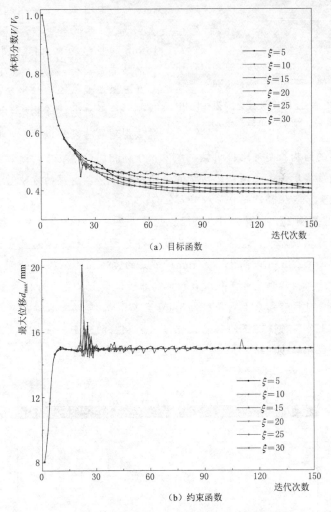

（a）目标函数

（b）约束函数

图 3.3　不同包络参数 $\xi$ 下的优化迭代历程

　　为了进一步展示所提出的所提列式的重要性，考虑常规刚度最大化优化算法，在体积分数约束为 $V/V_0 = 0.390(\xi=25)$ 条件下，刚度最大化的拓扑优化结果如图 3.4 所示，其中 $V/V_0 = 0.390$，$d_{max} = 18.467\text{mm}$，$c = 4.367\text{J}$。由图 3.2 可知，控制节点的最大垂直位移均不超过 15mm 的位移约束上限。图 3.4 中的节点最大位移为 18.467mm，且悬臂梁顶部变形沿顶板呈线性增加。通过对比传统算法和所提算法得到的结果可以看到，前者所得的结构的变形比较明显：在体积分数相同的情况下，通过最小柔顺度实现的最大位移比所提算法高出 22.6%。所提的方法旨在限制最大节点位移，而非加权节点位移。

图 3.4 刚度最大化的拓扑优化结果（单位：mm）

【算例 2】 该算例目的用于探讨约束上界值对优化结果的影响。平面结构设计域、边界条件和荷载条件如图 3.5 所示。总尺寸设定为长 $L = 240\text{mm}$，高 $H = 84\text{mm}$。桥梁的左下角和右下角受到全约束。均布荷载垂直向下施加在顶部的非设计域上，大小为 25N/mm。顶部垂直位移约束上界分别为 8mm 至 13mm。包络参数设为 $\xi = 10$。表 3.1 为各种情况下的拓扑优化结果和相应的变形，表 3.2 为最终拓扑优化的统计结果。

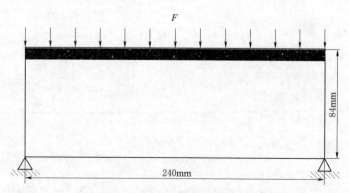

图 3.5 顶部承受向下分布荷载桥梁的设计域和边界条件

表 3.1　不同约束上限值下的拓扑优化结果

单位：mm

| 位移约束上限 | $\bar{d}=8$ | $\bar{d}=9$ | $\bar{d}=10$ |
| --- | --- | --- | --- |
| 最终拓扑 | |  | |
| 结构变形图 | 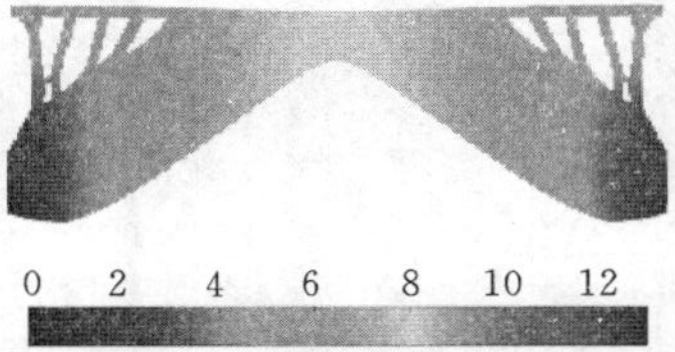 | 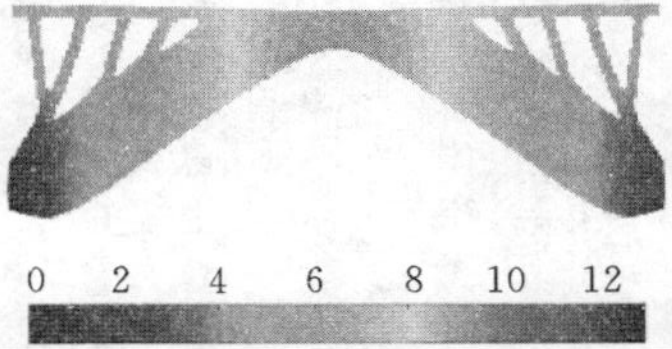 | 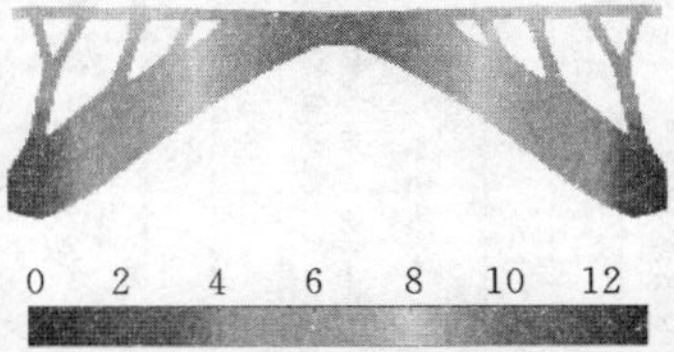 |
| 位移约束上限 | $\bar{d}=11$ | $\bar{d}=12$ | $\bar{d}=13$ |
| 最终拓扑 | |  | |
| 结构变形图 | 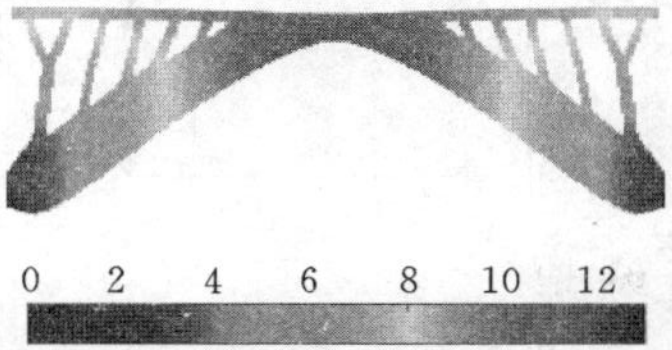 | 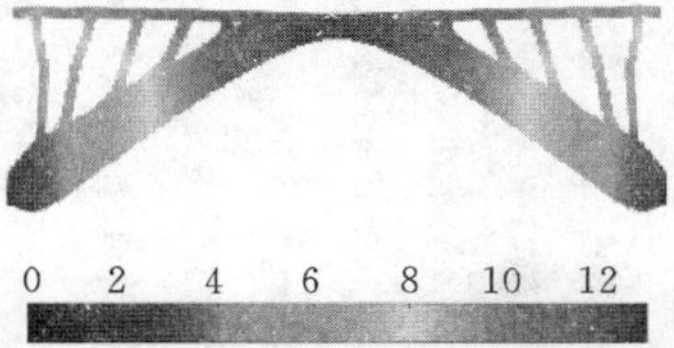 |  |

表 3.2　　　　　　　　　拓扑优化结果对比

| $\bar{d}/\text{mm}$ | 体积分数 | 最大位移/mm | 柔顺度/J |
|---|---|---|---|
| 8 | 0.581 | 7.999 | 39.617 |
| 9 | 0.469 | 8.999 | 45.864 |
| 10 | 0.405 | 10.000 | 51.326 |
| 11 | 0.368 | 11.000 | 56.853 |
| 12 | 0.336 | 11.999 | 62.024 |
| 13 | 0.310 | 12.998 | 67.379 |

由结果可知，当位移约束上界越小时，最终拓扑的体积分数会越大。优化的结果具有相似的拓扑构型，但几何尺寸有所不同。此外，所有情况下的最大位移都略低于设定的约束上限值。综上所述，提出方法可以有效地解决几何非线性拓扑优化问题。

【算例3】　本算例通过对比多节点位移约束和所提出的列式下的拓扑优化结果，说明所提列式的高效性。图 3.6 显示了设计域，边界条件和载荷条件。两个底部端点完全固定，底部非设计域上施加均匀向下的载荷 $F=25\text{N/mm}$。结构底部节点的最大许可位移设置为 15mm。包络参数 $\xi$ 取值 10。优化后的拓扑结构如图 3.7 所示。根据所提列式得到的优化结果的体积分数和最大位移分别为 0.446mm 和 14.987mm。整个优化过程所消耗的 CPU 时间为 3157s。

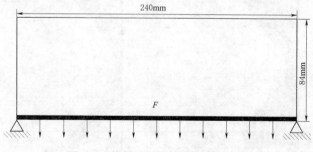

图 3.6　算例 3 的设计域与非设计域

为了便于比较，分别在底部均匀选取了 5 个、7 个和 11 个节点进行多节点位移约束，约束上界仍为 15mm。表 3.3 为对比算例的控制节点的选取情况和优化结果。表 3.4 展示了优化的对

表 3.3　控制区域和对应的变形结果

单位：mm

| | 5 个控制节点 | 7 个控制节点 | 11 个控制节点 |
|---|---|---|---|
| 约束方案 | | | |
| 控制区域 | 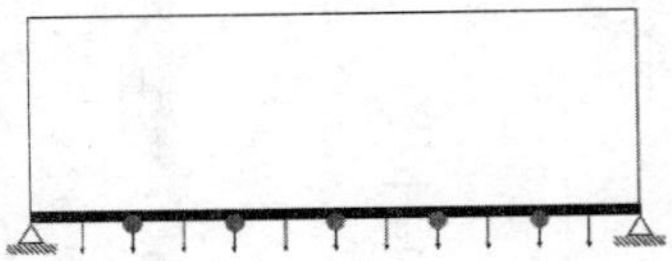 | 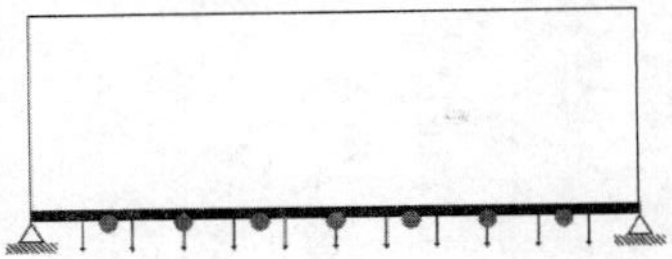 | 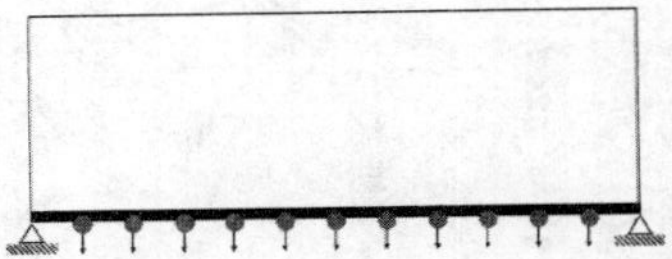 |
| 变形图 | 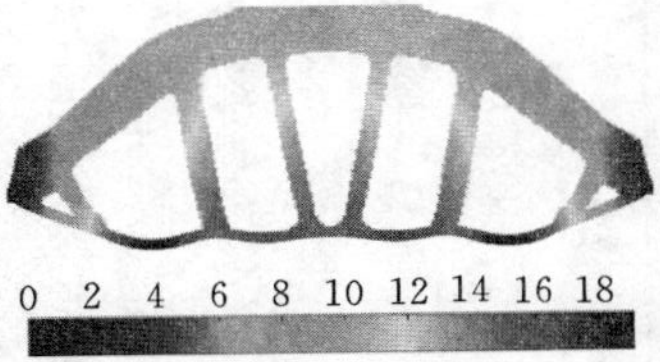 | 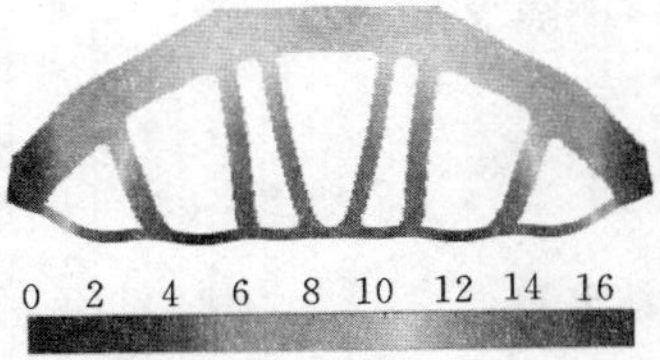 | 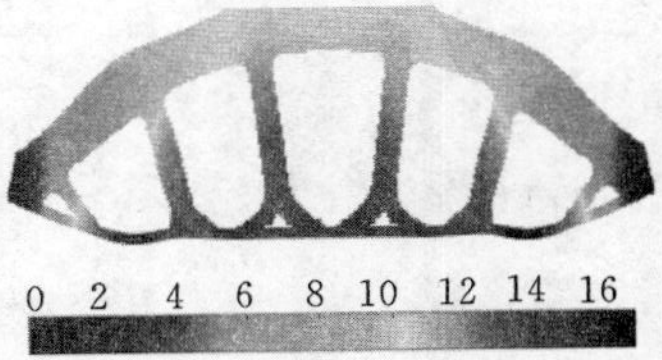 |

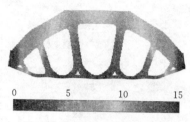

图 3.7 所提列式的结构变形
（单位：mm）

比结果，包括约束方案体积分数、底部最大变形量和 CPU 求解总耗时。

由表 3.4 可知，多节点位移约束列式的结果的底部最大位移显然超过了许可位移上限，并且最大位移的对应节点与控制节点的位置并不一致。从工程角度来看，这些设计结果是不满足刚度设计要求的。相比之下，所提方法的优化结果的底部最大位移为 14.987mm，略低于位移上限。除此之外，对于多节点位移约束列式的求解总耗时远大于所提列式的求解总耗时，其计算成本较高。综上可知，所提方法可以高效地进行优化求解。

表 3.4　　　　　　　　优化结果对比

| 约束方案 | 体积分数 | 最大位移/mm | 求解耗时/s |
|---|---|---|---|
| 所提方法 | 0.446 | 14.987 | 3157 |
| 5 个控制节点 | 0.419 | 19.098 | 7461 |
| 7 个控制节点 | 0.432 | 16.915 | 9136 |
| 11 个控制节点 | 0.432 | 16.640 | 11375 |

# 3.3　瞬态动力学问题拓扑优化

## 3.3.1　瞬态动力学拓扑优化相关研究

瞬态动力学优化

早期的动态拓扑优化研究主要集中在频率和模态振型优化方面。Diaaz 等[87]较早提出固有频率最大化的拓扑优化列式；Pedersen[88]分析了局部模态现象的数值根源，并提出低密度区刚度惩罚列式；Du 等[89]讨论了无阻尼线弹性自由振动结构的单一或多重特征频率下的拓扑优化问题；Li 等[90]基于改良的 Heaviside 函数提出了一种连续且可微的带宽约束方程，研究带宽约束下的动力学拓扑优化问题；牛斌等[91]提出了宏微观一体化拓扑优化方法，旨在寻找结构基频最大化目标下的单胞微观结构最优拓扑构型及其在宏观结构上的分布；龙凯等[92]利用泊松效应，提出泊松比插值列式，以实现微观由两种不同泊松比的组分材料组成，同时其在宏观结构上合理分布的系统固有频率最大化。

在谐响应拓扑优化问题中，Ma 等[93]提出谐振结构的均匀化方法；Jog[94]提出两种使时序载荷激励下的结构响应振动最小化的方法；Olhoff 和 Du[95]提出了广义频率增量法来获取优化解，同时考虑了低、高激励和静态柔度约束；牛斌等[96]通过数值算例结果比较了各种动柔顺度指标，并提出各自合适的工程应用范围；Yoon[97]在谐振拓扑优化问题中引入模态叠加、Ritz 向量和准静态 Ritz 向量的模型缩减法，大大降低了对应的结构分析计算工作量；对于大型结构，Liu 等[98]对谐波响应优化的结构分析和灵敏度分析进行了对比研究，提出基于模态加速法进行结构谐响应分析，实现效率和精度的平衡；Zhu 等[99]将模态加速法扩展到受强迫加速度激励下的结构拓扑优化问题中，得到了理想的拓扑优化结果；龙凯等[100]提出了谐响应下的应力幅约束拓扑化方法，在优化问题中引入倒变量，将原优化问题转换为一系列二次规划子问题求解。

相比较而言，结构瞬态响应拓扑优化研究较少[101]。Min 等[102]最早开展了对瞬态响应拓扑优化的研究，采用平均动柔顺度最小化作为目标函数；Turteltaub[103]研究了两种材料复合的结构在一般性激励作用下的性能，揭示了最终设计与基于特征频率优化设计之间的差异；Zhao 和 Wang[104-106]提出时域响应最大值的凝聚函数，实现了宏观结构和宏微观一体化结构拓扑优化设计。

### 3.3.2　瞬态动力学求解

在实际的工程问题中，连续体结构受到随时间变化载荷 $Q(t)$ 作用，动力学平衡方程为

$$M\ddot{u}(t)+C\dot{u}(t)+Ku(t)=Q(t) \qquad (3.32)$$

式中　　$M$——整体质量矩阵；

　　　　$C$——整体阻尼矩阵；

　$\ddot{u}(t)$——$t$ 时刻的加速度；

　$\dot{u}(t)$——$t$ 时刻的速度；

　$u(t)$——$t$ 时刻的位移。

**3.3.2.1　Newmark 积分**

采用 Newmark 积分来求解式（3.32），具体步骤如下：

（1）根据初始条件分别形成整体矩阵 $K$、$M$ 和 $C$。

（2）给定初始时刻的位移、速度和加速度值 $\ddot{u}(0)$，$\dot{u}(0)$ 和 $u(0)$。

（3）选取时间步长 $\Delta t$ 和参数 $\delta$，计算参数 $\alpha$ 的值；定义常见的 Newmark 积分常数为

$$\begin{cases} \delta \geqslant 0.50, \alpha \geqslant 0.25(0.50+\delta)^2, \\ c_0 = \dfrac{1}{\alpha \Delta t^2}, c_1 = \dfrac{\delta}{\alpha \Delta t}, c_2 = \dfrac{1}{\alpha \Delta t}, c_3 = \dfrac{1}{2\alpha} - 1, \\ c_4 = \dfrac{\delta}{\alpha} - 1, c_5 = \dfrac{\Delta t}{2}\left(\dfrac{\delta}{\alpha} - 2\right), c_6 = \Delta t(1-\delta), c_7 = \delta \Delta t \end{cases}$$

$$(3.33)$$

（4）形成有效刚度阵 $\hat{K}$，有

$$\hat{K} = K + c_0 M + c_1 C \tag{3.34}$$

（5）对于每一时间步长：

1）计算 $t+\Delta t$ 时刻的有效载荷

$$\begin{aligned} \hat{Q}(t+\Delta t) = Q(t+\Delta t) &+ M(c_0 u_t + c_2 \dot{u}_t + c_3 \ddot{u}_t) \\ &+ C(c_1 u_t + c_4 \dot{u}_t + c_5 \ddot{u}_t) \end{aligned} \tag{3.35}$$

2）求解 $t+\Delta t$ 时刻的位移

$$\hat{K}u(t+\Delta t) = \hat{Q}(t+\Delta t) \tag{3.36}$$

3）计算 $t+\Delta t$ 时刻的速度和加速度

$$\ddot{u}(t+\Delta t) = c_0[u(t+\Delta t) - u(t)] - c_2 \dot{u}(t) - c_3 \dot{u}(t)$$

$$\dot{u}(t+\Delta t) = \dot{u}(t) + c_6 \ddot{u}(t) + c_7 \ddot{u}(t+\Delta t) \tag{3.37}$$

### 3.3.2.2 Wilson-$\theta$ 积分

与 Newmark 积分类似，采用 Wilson-$\theta$ 求解瞬态动力学方程，整体步骤如下：

(1) 根据初始条件分别形成整体矩阵 $\boldsymbol{K}$、$\boldsymbol{M}$ 和 $\boldsymbol{C}$。

(2) 给定初始时刻的位移、速度和加速度值 $\ddot{\boldsymbol{u}}(0)$，$\dot{\boldsymbol{u}}(0)$ 和 $\boldsymbol{u}(0)$。

(3) 选取时间步长 $\Delta t$ 和参数 $\delta$，指定积分参数 $\theta=1.4$，计算积分常数 $b_i$。

$$
\begin{cases}
b_0 \geqslant \dfrac{6}{(\theta \Delta t)^2}, b_1 \geqslant \dfrac{3}{\theta \Delta t}, b_2 = 2b_1, \\[2mm]
b_3 = \dfrac{\theta \Delta t}{2}, b_4 = \dfrac{b_0}{\theta}, b_5 = -\dfrac{b_2}{\theta}, \\[2mm]
b_6 = 1 - \dfrac{3}{\theta}, b_7 = \dfrac{\Delta t}{2}, b_8 = \dfrac{\Delta t^2}{6}
\end{cases} \tag{3.38}
$$

(4) 形成有效刚度阵 $\hat{\boldsymbol{K}}$，有

$$
\hat{\boldsymbol{K}} = \boldsymbol{K} + b_0 \boldsymbol{M} + b_1 \boldsymbol{C} \tag{3.39}
$$

(5) 对于每一时间步长（$t=0$，$\Delta t$，$2\Delta t$）

$$
\hat{\boldsymbol{K}} \boldsymbol{u}(t + \theta \Delta t) = \boldsymbol{F}(t + \theta \Delta t) \tag{3.40}
$$

(6) 求得 $t + \Delta t$ 时刻的位移、速度和加速度

$$
\boldsymbol{u}(t + \Delta t) = \boldsymbol{u}(t) + \Delta t \dot{\boldsymbol{u}}(t) + b_8 [\ddot{\boldsymbol{u}}(t + \theta \Delta t) + 2\ddot{\boldsymbol{u}}(t)] \tag{3.41}
$$

$$
\dot{\boldsymbol{u}}(t + \Delta t) = \dot{\boldsymbol{u}}(t) + b_7 [\ddot{\boldsymbol{u}}(t + \theta \Delta t) + \ddot{\boldsymbol{u}}(t)] \tag{3.42}
$$

$$
\ddot{\boldsymbol{u}}(t + \Delta t) = b_4 [\boldsymbol{u}(t + \theta \Delta t) - \boldsymbol{u}(t)] + b_5 \ddot{\boldsymbol{u}}(t) + b_6 \ddot{\boldsymbol{u}}(t) \tag{3.43}
$$

### 3.3.3 瞬态激励下的拓扑优化列式

以结构的最小体积为目标，以最大动态响应为约束建立瞬态激励下的连续体结构拓扑优化列式，数学表达式为

$$
\begin{cases}
\min : V(\bar{\rho}) \\
\text{s.t.} : \max f_{\max}(\bar{\boldsymbol{\rho}}, t) \leqslant \overline{f} \\
0 \leqslant \rho_e \leqslant 1 \quad (e = 1, 2, \cdots, NE)
\end{cases} \tag{3.44}
$$

式中 $f_{\max}(\cdot)$——时域内动态响应的最大值；

$\overline{f}$——动态响应的设定上限值。

采用三场 SIMP 建模方法，即

$$\overline{\rho}_e = \frac{\tanh(\beta\eta) + \tanh[\beta(\tilde{\rho}_e - \eta)]}{\tanh(\beta\eta) + \tanh[\beta(1 - \eta)]} \qquad (3.45)$$

### 3.3.4 材料插值

单元刚度矩阵和质量矩阵由修正 SIMP 模型插值得到

$$\boldsymbol{k}_e = [\rho_{\min} + (1 - \rho_{\min})\overline{\rho}_e^{\,p}]\boldsymbol{k}_e^0 \qquad (3.46a)$$

$$\boldsymbol{m}_e = [\rho_{\min} + (1 - \rho_{\min})\overline{\rho}_e^{\,q}]\boldsymbol{m}_e^0 \qquad (3.46b)$$

式中 $\rho_{\min}$——确保求解过程中矩阵非奇异，取值 $\rho_{\min} = 10^{-9}$。

为了抑制频率优化问题中的局部模态现象，在本节中，惩罚参数取值 $p = q = 3$。

阻尼矩阵 $\boldsymbol{C}$ 采用 $\boldsymbol{K}$ 和 $\boldsymbol{M}$ 的线性组合形式，即

$$\boldsymbol{C} = c_M \boldsymbol{M} + c_K \boldsymbol{K} \qquad (3.47)$$

式中 $c_M$、$c_K$——独立于设计变量的阻尼系数。

### 3.3.5 积分型性能指标函数

在瞬态拓扑优化问题中，性能指标函数包括平均动态柔顺度、平均应变能等，这里采用节点自由度平方，即

$$f(t) = (\boldsymbol{L}^{\mathrm{T}}\boldsymbol{u})^2 \qquad (3.48)$$

式中 $\boldsymbol{L}$——列向量，所涉及的节点自由度对应数值为 1，其他分量为 0。

对于瞬态动力学问题，最大响应发生的时间点将随着迭代步数的变化而变化。为了捕捉到这种最危险情况，提出 $[0, t_f]$ 时间段上积分型包络函数以取代时域响应的最大值函数，即

$$\boldsymbol{\phi}(f) = \left[\frac{1}{t_f}\int_0^{t_f} f^\mu(t)\mathrm{d}t\right]^{1/\mu} \qquad (3.49)$$

式中 $\mu$——包络函数参数。

式（3.49）中提出的指标为积分形式的包络函数，积分运算通过梯形求和，如式（3.50）所示

$$\int_0^{t_f} f(t)\,\mathrm{d}t \approx \sum_{k=0}^{N_t} A_k f(t_k) \tag{3.50}$$

式中 $N_t$——选取时间段的总步长；

$\quad\quad t_k$——时间点；

$\quad\quad A_k$——权重系数。

数学表达式为

$$A_1 = A_{N_t} = \frac{t_f}{2N_t}, A_2 = A_3 = \cdots = A_{N_t-1} = \frac{t_f}{N_t} \tag{3.51}$$

根据式（3.50）和式（3.51），可证明

$$\left[\frac{1}{t_f}\int_0^{t_f} f^{\mu}(t)\,\mathrm{d}t\right]^{1/\mu} \approx \left[\frac{1}{N_t}\sum_{k=0}^{N_t} f^{\mu}(t_k)\right]^{1/\mu} \tag{3.52}$$

当 $N_t$ 值足够大可得

$$\left[\frac{1}{t_f}\int_0^{t_f} f^{\mu}(t)\,\mathrm{d}t\right]^{1/\mu} \approx \left[\frac{1}{N_t}\sum_{k=0}^{N_t} f^{\mu}(t_k)\right]^{1/\mu}$$

$$\approx \left[\frac{1}{N_t+1}\sum_{k=0}^{N_t} f^{\mu}(t_k)\right]^{1/\mu} \tag{3.53}$$

当 $\mu$ 趋于无穷大时，根据 $p$ - mean 不等式可知式（3.53）的右端接近 $f(t)$ 的最大值。当 $\mu$ 取有限值时，可以通过调整系数自动校准最大值与包络值间的差异，约束函数改写为

$$c_{\mu}\left[\frac{1}{t_f}\int_0^{t_f} f^{\mu}(t)\,\mathrm{d}t\right]^{1/\mu} \leqslant \overline{f} \tag{3.54}$$

调整系数 $c_{\mu}$ 可表达为

$$c_{\mu} = f_{\max}(t_k)\Big/ \left[\frac{1}{t_f}\int_0^{t_f} f^{\mu}(t)\,\mathrm{d}t\right]^{1/\mu} \tag{3.55}$$

### 3.3.6 敏度分析

本节将推导优化列式中目标函数与约束函数的敏度表达式，根据链式法则有

$$\frac{\partial V}{\partial \rho_e} = \sum_{i \in I_e} \frac{\partial V}{\partial \overline{\rho}_i} \frac{\partial \overline{\rho}_i}{\partial \widetilde{\rho}_i} \frac{\partial \widetilde{\rho}_i}{\partial \rho_e}, \frac{\partial \phi}{\partial \rho_e} = \sum_{i \in I_e} \frac{\partial \phi}{\partial \overline{\rho}_i} \frac{\partial \overline{\rho}_i}{\partial \widetilde{\rho}_i} \frac{\partial \widetilde{\rho}_i}{\partial \rho_e} \tag{3.56}$$

任意向量 $\lambda$ 与平衡方程残差的内积附加在式（3.55）中，即

$$\phi(f) = \left[\frac{1}{t_f}\int_0^{t_f} f^\mu(t)\,dt\right]^{1/\mu} + \int_0^{t_f} \boldsymbol{\lambda}^T(\boldsymbol{M}\ddot{\boldsymbol{u}} + \boldsymbol{C}\dot{\boldsymbol{u}} + \boldsymbol{K}\boldsymbol{u} - \boldsymbol{Q})\,dt$$

$$(3.57)$$

式（3.57）两边对 $\overline{\rho}_i$ 求导

$$\frac{\varphi(f)}{\partial \overline{\rho}_i} = \frac{\varphi(f)}{\partial f} \cdot \frac{\partial f}{\partial \boldsymbol{u}} \cdot \frac{\partial \boldsymbol{u}}{\partial \overline{\rho}_i} + \int_0^{t_f} \boldsymbol{\lambda}^T \frac{\partial}{\partial \overline{\rho}_i}(\boldsymbol{M}\ddot{\boldsymbol{u}} + \boldsymbol{C}\dot{\boldsymbol{u}} + \boldsymbol{K}\boldsymbol{u} - \boldsymbol{Q})\,dt$$

$$= \frac{\varphi(f)}{\partial f} \cdot \frac{\partial f}{\partial \boldsymbol{u}} \cdot \frac{\partial}{\partial \overline{\rho}_i} + \int_0^{t_f} \boldsymbol{\lambda}^T \left(\frac{\partial \boldsymbol{M}}{\partial \overline{\rho}_i}\ddot{\boldsymbol{u}} + \frac{\partial \boldsymbol{C}}{\partial \overline{\rho}_i}\dot{\boldsymbol{u}} + \frac{\partial \boldsymbol{K}}{\partial \overline{\rho}_i}\boldsymbol{u}\right)\,dt$$

$$+ \int_0^{t_f} \boldsymbol{\lambda}^T \left(\boldsymbol{M}\frac{\partial \ddot{\boldsymbol{u}}}{\partial \overline{\rho}_i} + \boldsymbol{C}\frac{\partial \dot{\boldsymbol{u}}}{\partial \overline{\rho}_i} + \boldsymbol{K}\frac{\partial \boldsymbol{u}}{\partial \overline{\rho}_i}\right)\,dt \qquad (3.58)$$

假定载荷具有设计独立性，即 $\partial Q/\partial \overline{\rho}_i = 0$，对式（3.58）进行两次分部积分可得

$$\frac{\phi(f)}{\partial \overline{\rho}_i} = \int_0^{t_f} \left(\frac{\partial \boldsymbol{u}}{\partial \overline{\rho}_i}\right)^T \left[\boldsymbol{M}\ddot{\boldsymbol{\lambda}} - \boldsymbol{C}\dot{\boldsymbol{\lambda}} + \boldsymbol{K}\boldsymbol{\lambda} + a_0 \int_0^{t_f} f^{\mu-1}(t)\frac{\partial f}{\partial \boldsymbol{u}}\right]\,dt$$

$$+ \int_0^{t_f} \boldsymbol{\lambda}^T \left(\frac{\partial \boldsymbol{M}}{\partial \overline{\rho}_i}\ddot{\boldsymbol{u}} + \frac{\partial \boldsymbol{C}}{\partial \overline{\rho}_i}\dot{\boldsymbol{u}} + \frac{\partial \boldsymbol{K}}{\partial \overline{\rho}_i}\boldsymbol{u}\right)\,dt$$

$$+ \left.\left[\left(\frac{\partial \boldsymbol{u}}{\partial \overline{\rho}_i}\right)^T(-\boldsymbol{M}\dot{\boldsymbol{\lambda}} + \boldsymbol{C}\boldsymbol{\lambda}) + \left(\frac{\partial \dot{\boldsymbol{u}}}{\partial \overline{\rho}_i}\right)^T \boldsymbol{M}\boldsymbol{\lambda}\right]\right|_{t=t_f}$$

$$(3.59)$$

式（3.59）中 $a_0$ 表达为

$$a_0 = \left[\frac{1}{t_f}\int_0^{t_f} f^\mu(t)\,dt\right]^{1/\mu-1} \frac{1}{t_f} \qquad (3.60)$$

由式（3.58）可得

$$\frac{\partial f}{\partial \boldsymbol{u}} = 2(\boldsymbol{L}^T \boldsymbol{u})\boldsymbol{L} \qquad (3.61)$$

为消去与 $\dfrac{\partial \boldsymbol{u}}{\partial \overline{\rho}_i}$ 相关的项，建立伴随方程

$$\boldsymbol{M}\ddot{\boldsymbol{\lambda}} - \boldsymbol{C}\dot{\boldsymbol{\lambda}} + \boldsymbol{K}\boldsymbol{\lambda} = -2a_0 f^{\mu-1}(t)(\boldsymbol{L}^T \boldsymbol{u})\boldsymbol{L}, t \in [0, t_f]$$

$$\boldsymbol{\lambda}(t_f) = \dot{\boldsymbol{\lambda}}(t_f) = 0 \qquad (3.62)$$

式（3.62）为标准的结构动力学平衡方程，可以采用与式

（3.32）相同的求解方法。

把 $\boldsymbol{\lambda}$ 代入式（3.59），$\varphi(f)$ 对 $\overline{\rho}_i$ 的偏导数可表示为

$$\frac{\phi(f)}{\partial \overline{\rho}_i} = \int_0^{t_f} \boldsymbol{\lambda}^{\mathrm{T}} \left( \frac{\partial \boldsymbol{M}}{\partial \overline{\rho}_i} \ddot{\boldsymbol{u}} + \frac{\partial \boldsymbol{C}}{\partial \overline{\rho}_i} \dot{\boldsymbol{u}} + \frac{\partial \boldsymbol{K}}{\partial \overline{\rho}_i} \boldsymbol{u} \right) \mathrm{d}t \tag{3.63}$$

式（3.63）右端中的每一部分都降格至单元级计算，即

$$\frac{\partial \boldsymbol{k}_e}{\partial \overline{\rho}_e} = (1 - \rho_{\min}) p \, \overline{\rho}_e^{\,p-1} \boldsymbol{k}_e^0 \tag{3.64}$$

$$\frac{\partial \boldsymbol{m}_e}{\partial \overline{\rho}_e} = (1 - \rho_{\min}) q \, \overline{\rho}_e^{\,q-1} \boldsymbol{m}_e^0 \tag{3.65}$$

### 3.3.7 数值算例

本节采用数值算例验证提出方法的正确性和优越性，材料参数包括弹性模量、泊松比和密度分别为 $2.1 \times 10^5$ MPa、0.3 和 7800 kg/m³。平面结构采用四节点四边形平面单元离散。采用 MMA 算法更新设计变量，运动极限取 0.1。初始结构的所有密度值为 1。在所有算例中，时间域内分为均匀的 500 份进行数值积分。选取载荷施加点的位移平方值作为约束，最大优化迭代步为 400。

【算例 1】 为考察参数 $\mu$ 对时域最大值的逼近程度，选用已有文献的经典算例[104]。如图 3.8 所示，短悬臂梁结构的整体尺寸长 6m、高 3m、厚 0.01m，结构离散为 $120 \times 60$ 个单元，左端面全约束，右下角点施加如图 3.9 所示的正弦载荷 $F = 1 \times 10^4$

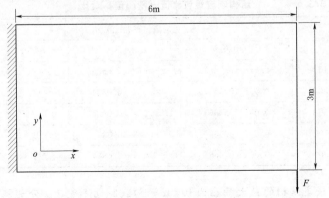

图 3.8 结构的设计域和边界条件

$\sin(t)$kN。过滤半径为 2.8 倍的单元尺寸,阻尼系数分别取 $c_M = 10$ 和 $c_K = 1 \times 10^{-5}$,加载时间 $t_L$ 分别为 0.05s、0.03s 以及 0.01s。考虑到结构的瞬态最大位移可能出现在自由振动阶段,取考察时间为 0.1s 以确保获得结构的最大瞬态位移。$\mu$ 取值范围为 10~90,不同参数下的拓扑优化结果见表 3.5。

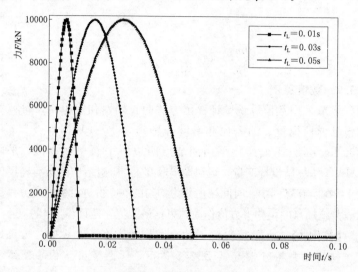

图 3.9   结构的加载情况

表 3.5                    结构响应量包络值(精确值)对比

| $\mu$ | 包络值(精确值)/$m^2$ | | |
| --- | --- | --- | --- |
| | $t_L = 0.05$s | $t_L = 0.03$s | $t_L = 0.01$s |
| 10 | 0.048(0.066) | 0.062(0.088) | 0.066(0.097) |
| 30 | 0.058(0.066) | 0.077(0.088) | 0.084(0.097) |
| 50 | 0.061(0.066) | 0.081(0.088) | 0.088(0.097) |
| 70 | 0.062(0.066) | 0.083(0.088) | 0.091(0.097) |
| 90 | 0.063(0.066) | 0.084(0.088) | 0.092(0.097) |

设定结构的最大响应为 $0.2m^2$,加载时间不变,$\mu$ 分别取 10、30 和 50,不同参数下拓扑优化结果分别如图 3.10~图 3.12 所示。

(a) $\mu=10$, $V/V_0=0.409$,
$\varphi(f)=0.146$, $f_{max}=0.200$

(b) $\mu=30$, $V/V_0=0.407$,
$\varphi(f)=0.178$, $f_{max}=0.200$

(c) $\mu=50$, $V/V_0=0.406$,
$\varphi(f)=0.185$, $f_{max}=0.200$

图 3.10 $t_L=0.05$s 的优化结果

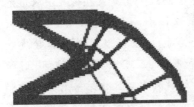
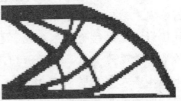

(a) $\mu=10$, $V/V_0=0.400$,
$\varphi(f)=0.146$, $f_{max}=0.200$

(b) $\mu=30$, $V/V_0=0.382$,
$\varphi(f)=0.180$, $f_{max}=0.200$

(c) $\mu=50$, $V/V_0=0.406$,
$\varphi(f)=0.185$, $f_{max}=0.200$

图 3.11 $t_L=0.03$s 的优化结果

(a) $\mu=10$, $V/V_0=0.369$,
$\varphi(f)=0.138$, $f_{max}=0.200$

(b) $\mu=30$, $V/V_0=0.360$,
$\varphi(f)=0.174$, $f_{max}=0.200$

(c) $\mu=50$, $V/V_0=0.360$,
$\varphi(f)=0.183$, $f_{max}=0.200$

图 3.12　$t_L=0.01s$ 的优化结果

由优化结果可知，不同参数 $\mu$ 下的优化结果相似，$\mu$ 取值范围较宽广，故而优化结果不强烈依赖于 $\mu$ 的取值；其次，参数数值影响优化结构的体积比。合理的 $\mu$ 值可以实现计算精度和结果光滑度的平衡，由图 3.11 和图 3.12 可知，当 $\mu$ 取 50 时的体积比略大于 $\mu$ 取 10 或 30 时；加载时间对优化结果有极大的影响，这将会在下面的算例中继续讨论；所有的优化结果中都含有清晰的边界，这是由于采用了阈值投影法，拓扑优化的"模糊"性在一定程度上得到缓解。

【算例 2】　本算例用于考察加载时间对优化结果的影响。如图 3.13 所示的简支梁结构的设计域，结构尺寸为 12m×3m，厚度为 0.01m，左右两端面全约束。设计域离散为 240×40 个单元。如图 3.14 所示，底边中点处受到 $2\times10^4$ kN 的矩形载荷作用，考察时间为 0.05s。阻尼系数 $c_M=c_K=1\times10^{-4}$，参数 $\mu=$10，过滤半径取 4 倍单元尺寸。设定约束上限值在 0.1m² 到 0.9m² 间变化。不同位移响应下的最终结构及其体积比如图 3.15

所示，考虑结构对称性，图中仅展现其右半部分。

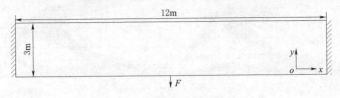

图 3.13　简支梁结构的设计域

由图 3.15 可知，给定的位移限制越小，材料的体积比就越大，拓扑优化结果符合工程直觉；加载时间对优化结果有很大的影响，加载时间越长则意味着需要越多的材料来保证其刚度；作为对比，当 $2 \times 10^4$ kN 的静载施加在优化结构上时，优化结构的静态位移响应分别为　0.170m²、0.371m²、

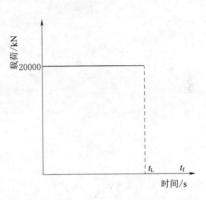

图 3.14　矩形载荷

0.520m² 和 0.690m²。结构的静刚度较动态刚度较好，当 $t_L = 0.0125$s 时，说明连续体结构的拓扑优化不能忽略惯性和阻尼的影响。此外，结构的动态刚度较静态刚度不足，当 $t_L = 0.0075$s 时，静态位移响应分别为 0.557m²、0.949m²、1.310m² 和 1.856m²，数值超过动态优化问题的对应值 0.300m²、0.500m²、0.700m² 和 0.900m²。从工程角度来说，由于静刚度不足，该优化设计不被接受。因此，建议将静态位移约束也加入优化列式中。图 3.16 给出了加入静态约束后的拓扑优化结果。考虑静态约束和不考虑静态约束下，两种不同情况下的最大位移响应如图 3.17 所示。如图 3.17 所示，最大位移发生在强迫振动阶段。对于单一动态约束情况，在自由振荡阶段，最大位移响应明显大于约束值。基于以上讨论，可以推断，拓扑优化中考虑动态响应是极其

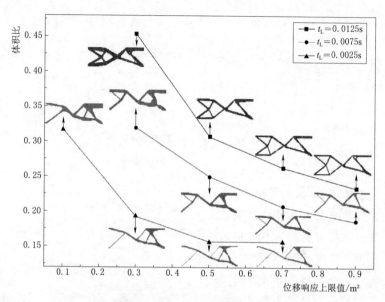

图 3.15　不同加载时间下的优化结果

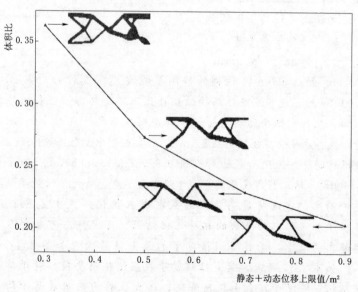

图 3.16　不同位移限值下的优化结果

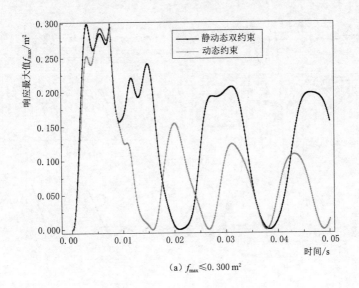

（a）$f_{max} \leqslant 0.300 \, \mathrm{m}^2$

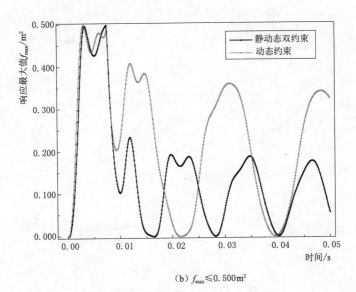

（b）$f_{max} \leqslant 0.500 \, \mathrm{m}^2$

图 3.17（一）　优化结构的节点位移响应

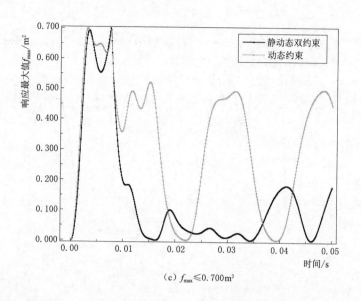

（c）$f_{max} \leqslant 0.700 \mathrm{m}^2$

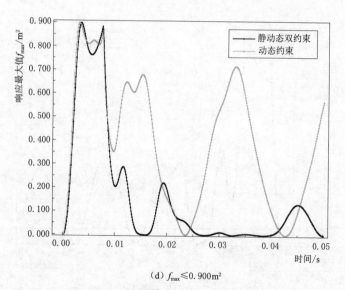

（d）$f_{max} \leqslant 0.900 \mathrm{m}^2$

图 3.17（二） 优化结构的节点位移响应

必要的。提出方法可以比较有效实现动态拓扑优化设计。

## 3.4 本章小结

  本章分别介绍几何非线性和瞬态动力学拓扑优化设计，提出了相应的拓扑优化列式，并推导了相关结构响应量敏度表达式，采用 MMA 算法进行优化求解。通过对比分析，说明了提出方法的适用性和优越性。

# 第4章  ICM方法在各类拓扑优化问题中的应用

## 4.1  引　　言

本章将针对柔顺度约束、载荷不确定性、多相材料和应力约束问题开展 ICM 方法研究[107-113]。在柔顺度约束问题中，为了减少结构分析的计算量，采用了预共轭求解器和多重网格法以降低有限元分析的工作量。重点在于阐述 ICM 方法的设计变量选取、优化问题列式、二次规划求解优等过程。

## 4.2  基于近似重分析的 ICM 方法

### 4.2.1  ICM 方法中设计变量的选取

在 ICM 方法中，仍然沿用了第 1 章弹性模量插值方式，即式 (1.1)，在材料插值与图像过滤方面，ICM 方法更接近基于敏度过滤的 SIMP 方法。与 SIMP 方法的显著不同在于设计变量地选取、二次规划求解、消除棋盘格的过滤方式等方面。与 SIMP 方法直接采用相对密度变量作为设计变量有所不同，在 ICM 方法体系中，引入密度 $\rho_e$ 的倒变量函数作为设计变量，即

$$x_e = \frac{1}{\rho_e^p} \tag{4.1}$$

由式 (4.1) 可得

$$\rho_e = x_e^{-1/p} \tag{4.2}$$

$$\frac{\partial \rho_e}{\partial x_e} = -\frac{1}{p} x_e^{-(1/p+1)} \tag{4.3}$$

将体积函数采用设计变量表达为

$$V = \sum_{e=1}^{NE} \rho_e v_e = \sum_{e=1}^{NE} x_e^{-1/p} v_e \qquad (4.4)$$

式中　$v_e$——密度变量值为 1 对应的单元 $e$ 的体积。

由此可得体积函数的一阶、二阶敏度表达式为

$$\frac{\partial V}{\partial x_e} = -\frac{1}{p} x_e^{-(1/p+1)} v_e \qquad (4.5)$$

$$\frac{\partial^2 V}{\partial x_e^2} = \frac{p+1}{p^2} x_e^{-(1/p+2)} v_e \qquad (4.6)$$

由式（4.6）可知，体积对设计变量 $x_e$ 的二阶敏度恒定大于 0，由此组成的 Hessian 矩阵正定。

由于在优化迭代过程中，希望密度变量 $\rho_e$ 向 0 或 1 两端靠拢，这里在目标函数中增加离散型目标函数 $\sum_{e=1}^{NE} \rho_e (1 - \rho_e) v_e$，对此进行加权处理，则目标函数可以改为 $\sum_{e=1}^{NE} [\rho_e + \vartheta \rho_e (1 - \rho_e)] v_e$。相应的敏度推导这里不再赘述。

在 ICM 方法中，通常对结构响应量，如柔顺度、节点位移、模态频率等均采用一阶泰勒近似方式。以柔顺度为例，其敏度表达式可通过链式求导法则或直接推导得到

$$\frac{\partial c_j}{\partial x_e} = \frac{\partial c_j}{\partial \rho_e} \frac{\partial \rho_e}{\partial x_e} \qquad (4.7)$$

在获取一阶敏度的前提下，基于一阶泰勒展开近似表达式为

$$c_j \approx c_j^{(a)} + \sum_e \frac{\partial c_j}{\partial x_e}\bigg|_a [x_e - x_e^{(a)}] \qquad (4.8)$$

式中　$a$——第 $a$ 轮优化迭代。

总体积目标函数采用二阶泰勒展开得到显式表达式，忽略其常数项可得优化模型近似子模型列式

$$\begin{cases} \text{find:} \boldsymbol{x} \\ \text{min:} f(\boldsymbol{x}) = \boldsymbol{d}^\mathrm{T} \boldsymbol{x} + \dfrac{1}{2} \boldsymbol{x}^\mathrm{T} \boldsymbol{H} \boldsymbol{x} \\ \text{s. t. :} g_j(\boldsymbol{x}) = \boldsymbol{A} \boldsymbol{x} \leqslant \boldsymbol{b} \quad (j=1,2,\cdots,J) \\ 1 \leqslant x_e \leqslant x_{\max} \quad (e=1,2,\cdots,NE) \end{cases} \qquad (4.9)$$

式中　$H$——海塞矩阵；

　　　$d$——与体积一阶敏度相关矩阵；

　　　$A$——约束函数矩阵；

　　　$b$——约束函数值组成的列阵；

　　　$j$——对应的第 $j$ 个约束方程。

设密度下限值取值 $\rho_{\min} = 10^{-3}$，则在 ICM 方法中，设计变量取值范围为 $1 \leqslant x_e \leqslant 10^9$。设计变量的选取与上下限的不同，这是 ICM 与 SIMP 方法明显不同的地方。

优化列式（4.6）为标准的二次型优化问题，故而可以采用序列二次规划（sequential quadratic programming，SQP）进行求解[114-115]，这是 ICM 方法与 SIMP 方法的另外一个区别。

### 4.2.2　预共轭求解器

基于近似重分析的 ICM 方法建模，指利用快速高效的有限元求解器进行有限元分析，以提高整个拓扑优化过程的速度，以下将简介预共轭梯度法（preconditioned conjugate gradient，PCG）和多重网格法（multi-grid，MG）[116-118]。

对于静态有限元平衡方程 $Ku = F$，总刚度阵 $K$ 为对称正定矩阵，可以采用共轭梯度法求解平衡方程，通常情况下需要采用预算子 $M^{-1}$ 来改善矩阵的条件数。平衡方程可重新表达为

$$M^{-1}Ku = M^{-1}F \qquad (4.10)$$

PCG 的流程可描述为

$$u = PCG(M^{-1}, K, F, u_0) \qquad (4.11)$$

式中　$u_0$——初始解。

使用预共轭梯度法求解 $Ku = F$ 平衡方程的算法流程描述见表 4.1。以初始解 $u_0$ 为输入，引入预算子 $M^{-1}$，最终满足收敛条件时输出位移向量 $u$。

### 4.2.3　多重网格法

MG 是求解大型线性方程的最有效的算法之一。其基本思想是在不同网格上对方程余量磨光处理，从而实现快速收敛。

表 4.1                                    PCG 算 法 流 程

算法描述 PCG

输入：初始解 $u_0$

残差向量 $r_1$ 和方向向量 $p_1$：

$r_1 = F - Ku_0$，$z_1 = M^{-1}r_1$，$p_1 = z_1$

循环迭代

$$\alpha_i = r_i^T z_i / (Kp_i)^T p_i$$

$$u_{i+1} = u_i + \alpha_i p_i$$

$$r_{i+1} = r_i - \alpha_i Kp_i \quad z_{i+1} = M^{-1}r_i$$

$$\gamma_i = \frac{r_{i+1}^T z_{i+1}}{r_i^T z_i}$$

$$p_{i+1} = z_{i+1} + \gamma_i p_i$$

循环结束

结果输出：位移向量 $u$

假设设计域离散为不同层级的网格 $M_k (k = 1, 2, \cdots, s)$，其中 $s$ 为网格层数。网格 $M_k$ 上对应的平衡方程为

$$A_k y_k = b_k \tag{4.12}$$

式中    $A_k$——系数矩阵；

$y_k$——离散函数值向量；

$b_k$——右端向量。

式（3.25）中 $y_k$ 可由 $y_{k+1}$ 插值得到，即

$$y_k = P_{k+1}^k y_{k+1} \tag{4.13}$$

式中    $P_{k+1}^k$——网格 $M_{k+1}$ 到 $M_k$ 的延拓算子。

网格 $M_{k+1}$ 上的残差也可以传递到 $M_k$ 上，其过程可描述为

$$d_{k+1} = Q_k^{k+1} d_k \tag{4.14}$$

式中    $Q_k^{k+1}$——网格 $M_{k+1}$ 到 $M_k$ 的限制算子。

在有限元中，延拓算子和限制算子满足关系 $Q_k^{k+1} = (P_{k+1}^k)^T$。MG 算法可归纳为如下递归过程

$$y_k = MG(A_k, y_k^0, b_k, k) \tag{4.15}$$

关于 MG 的具体流程描述可参考文献［116 - 118］，这里不再详细叙述。

#### 4.2.4 数值算例

在所有算例中，材料泊松比和弹性模量分别为 1 和 0.3。平面结构厚度为 1，单元长度为 1。为清楚起见，优化结果采用重量比（或体积比）来表示。初始结构所有的单元密度值设为 1。在 SQP 求解器中，设置运动极限 $m=0.1$。

**【算例 1】** 本算例将与已有文献［118］结果对比，验证提出方法的可行性和有效性。如图 4.1 所示的悬臂梁结构，设计区域尺寸为 $200\times100$。左端面全支撑，右下角点受到水平向左和垂直向下的两个集中力作用，数值大小分别为 1 和 0.5。过滤半径设置为 2。与参考文献［118］保持一致，设置 136.1 作为柔顺度上限阈值。用于结果比较 OC，MMA 和提出的 SQP 求解器中，迭代步长极限设置为 0.05。PCG 求解设置如下：

（1）优化迭代 10 步或相对载荷残差数值超过（$10-2$）时进行标准的 Cholesky 分解。

（2）在每轮优化迭代中，PCG 重分析次数不超过 5 次。

（3）当相对载荷残差为 $10^{-3}$ 时，PCG/重分析程序终止。

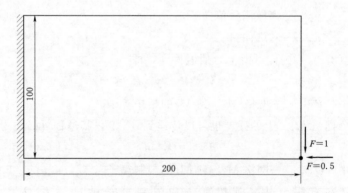

图 4.1　算例 1 设计区域与边界条件

为了验证提出方法的有效性，采用基于 OC 和 MMA 算法求解的柔顺度最小化列式（minC - OC，minC - MMA），与基于 OC 的重量最小化列式（minW - OC）结果进行比较，并设置最大迭代步数为 200。在 minC - OC 列式中，预设置 0.35 的体积比约束，经过 175 次优化循环迭代并调用 565 次 PCG 求解器收敛。当采用 minC - MMA 列式时，优化结构柔顺度值为 136.0 并且与 minC - OC 列式结果接近。在 minW - OC 列式中，设置 136.1 作为柔顺度约束上限，经过 178 次优化迭代并调用 369 次 PCG 求解器收敛。这里发现，当采用重量最小化列式时，平均 PCG 求解器调用次数较少，这主要是由于在重量最小化列式下，前一轮优化结构较为"刚硬"，而采用柔顺度最小化列式时，重量保持不变的情况下，前一轮优化结构较"软"。两种不同优化列式下的拓扑优化构型如图 4.2 所示。

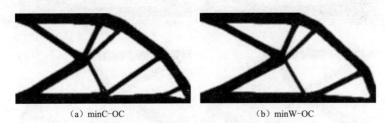

(a) minC—OC　　　　　　　　(b) minW—OC

图 4.2　不同优化列式下的拓扑优化构型

为了考察参数 $\vartheta$ 对优化结果的影响，设置其数值范围在 0～0.25 之间变化，应用本文提出的方法，则不同 $\vartheta$ 值下的拓扑优化构型如图 4.3 所示，相应拓扑优化结果汇总于表 4.3。

表 4.2　　　　不同 $\vartheta$ 参数下的拓扑优化结果汇总

| 参数 $\vartheta$ | 重量比 $W/W_0$ | 优化结构柔顺度 $c$ | 优化迭代步数 | PCG 求解次数 |
|---|---|---|---|---|
| 0 | 0.349 | 136.078 | 78 | 250 |
| 0.05 | 0.348 | 136.080 | 67 | 209 |
| 0.10 | 0.347 | 136.080 | 66 | 201 |
| 0.15 | 0.347 | 136.079 | 64 | 197 |
| 0.20 | 0.347 | 136.081 | 64 | 194 |
| 0.25 | 0.348 | 136.083 | 64 | 195 |

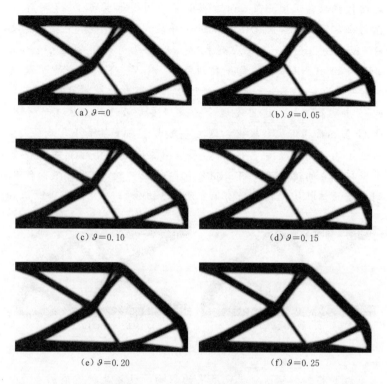

(a) $\vartheta = 0$          (b) $\vartheta = 0.05$

(c) $\vartheta = 0.10$       (d) $\vartheta = 0.15$

(e) $\vartheta = 0.20$       (f) $\vartheta = 0.25$

图 4.3 不同 $\vartheta$ 参数下的拓扑优化构型

由图 4.2 和图 4.3 对比可知，最优拓扑构型略有不同。由表 4.2 可知，优化迭代步数随 $\vartheta$ 数值不同而有所不同。在所有情况下，提出方法下的重量比值均略小于 0.35，这一结果表明，选取恰当的 $\vartheta$ 值将得到理想的拓扑优化结果。在后面的数值算例中，选取参数 $\vartheta \leqslant 0.25$。

优化列式 minW-OC 列式和提出方法下的 PCG 求解器调用次数对比如图 4.4 所示。提出方法需要 67 次优化循环迭代和 250 次 PCG 求解器，即每轮循环迭代平均需要调用 3.68 次 PCG 求解器，超过了 minC-OC 和 minW-OC 列式对应的平均次数。由于提出方法的优化列式中包含二次敏度信息，故而具有高效求解的优势。综上所述可以得出以下结论，提出的方法具有寻求重量最小化目标的拓扑优化结果的能力。

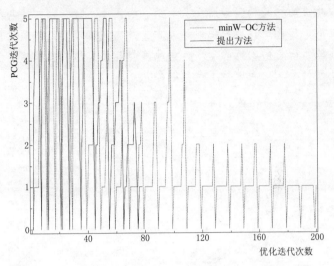

图 4.4　minW - OC 列式和提出方法下的 PCG 求解器调用次数对比

【算例 2】　如图 4.5 所示的长悬臂梁结构，结构尺寸为 $200 \times 100$，两个垂直方向上的集中力分别作用于右端上下角 $A$ 和 $B$ 点，作用方向如图 4.5 所示，两个载荷分别作用于结构上并形成工况Ⅰ和工况Ⅱ。其他参数与算例 1 完全相同。设置工况

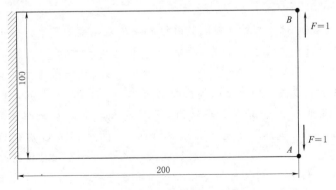

图 4.5　算例 2 设计区域与边界条件

1 约束条件为 $c_1 \leqslant 100$，并对工况 2 柔顺度施加 90～110 间不同的上限值。不同上限值下的目标函数优化迭代历程如图 4.6 所示，对应的拓扑构型如图 4.7 所示。由图 4.6 可知，在不同的约束值下，优化迭代历程稳健，其中重量比稳定下降，柔顺度值最终收敛于设定的阈值的下方。由此可知，优化结构在结构重量和刚度设计要求之间进行了合理取舍。

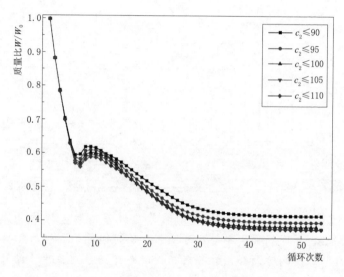

图 4.6　不同约束值下的优化迭代历程

【算例 3】　本算例测试提出的方法在大规模三维结构优化上的可行性和有效性。如图 4.8 所示三维结构尺寸为 $64 \times 32 \times 8$。其中左端面全支撑，合力为 9 的分布载荷垂直向下作用于右端面中线上。设置柔顺度上限阈值分别为 1000、1500 和 2000。该算例采用 MGCG 求解器完成结构有限元分析，其中包含 4 层离散网格，"V-循环"阻尼参数选取为 0.6。设置 MGCG 重分析次数最大为 4000 步，MGCG 求解收敛终点分别设置相对载荷残差为 $10^{-6}$ 和 $10^{-10}$ 作为近似重分析和精确重分析参考，不同柔顺度约束值下的拓扑优化结果见表 4.3，如图 4.9 所示。

(a) $W/W_0 = 0.4171$, $c_1 = 99.9781$, $c_2 = 89.9897$

(b) $W/W_0 = 0.3980$, $c_1 = 99.9843$, $c_2 = 94.9905$

(c) $W/W_0 = 0.3848$, $c_1 = c_2 = 99.9878$

(d) $W/W_0 = 0.3784$, $c_1 = 99.9865$, $c_2 = 104.9806$

(e) $W/W_0 = 0.3770$, $c_1 = 99.9872$, $c_2 = 109.9746$

图 4.7  不同柔顺度约束下的拓扑优化构型

表 4.3                    不同柔顺度上限阈值下的优化结果

| 柔顺度约束值 | 体积比 | 最优结构柔顺度 | 优化迭代步数 | MGCG 循环次数 | MATLAB 时间/s |
|---|---|---|---|---|---|
| 1000 | 0.346/0.346 | 999.577/999.577 | 69/69 | 29210/51612 | 986/1630 |
| 1500 | 0.252/0.252 | 1499.355/1499.355 | 65/65 | 35527/64675 | 1147/2002 |
| 2000 | 0.200/0.200 | 1998.926/1998.926 | 69/69 | 50870/97132 | 1581/2986 |

由表 4.3 可知，当柔顺度约束值逐渐增大，代表结构优化的余地越大，则优化结构对应的体积比越小。所有情况下，最优结构柔顺度值均处于临界状态，说明优化算法充分发挥了结构的优

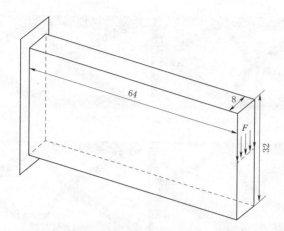

图 4.8 算例 3 设计区域与边界条件

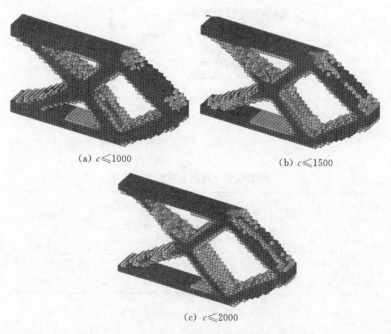

(a) $c \leqslant 1000$        (b) $c \leqslant 1500$

(c) $c \leqslant 2000$

图 4.9 不同约束阈值下的拓扑优化构型

化余地。从优化迭代步数来看，不同约束值下的优化迭代步数接近，说明优化算法稳健。对比近似重分析与精确重分析计算时间，发现基于 MGCG 求解器的精确重分析循环次数大大降低，CPU 计算时间减少比例几乎为 50%。

## 4.3 载荷方向不确定性和失效—安全要求下的拓扑优化设计

### 4.3.1 载荷方向不确定下的拓扑优化建模

假设结构承受多个不确定载荷，且每个载荷大小和作用方向与 $x$ 轴的夹角概率分布均已知。在考虑载荷方向不确定情形时，通常将载荷分解为 2 个（二维结构）或 3 个方向（三维结构）的单位载荷，通过线性叠加原理实现结构响应的计算敏度分析。通常情况下，选择结构响应的均值和方差组合来表征不确定性程度，以柔顺度为例，结构响应量表达为均值和方差的加权方式，权值为 3，即

$$g(\rho) = \mu(c) + 3\sigma(c) \tag{4.16}$$

式中 $\mu(c)$——多工况下柔顺度均值；

$\sigma(c)$——多工况下柔顺度方差。

这里以二维结构为例，将载荷分解为两个方向的单位载荷，即

$$\boldsymbol{F} = \sum_{k=1}^{2n} \xi_k \boldsymbol{f}_k \tag{4.17}$$

$$\xi_{2k-1} = h_k \cos(\theta_k), \xi_{2k} = h_k \sin(\theta_k) \tag{4.18}$$

式中 $\xi_k$——载荷大小；

$\boldsymbol{f}_k$——单独施加沿 $x$ 或 $y$ 方向单位载荷的整体载荷向量；

$\theta_k$——载荷作用方向与 $x$ 轴夹角。

根据线性叠加原理，则结构

$$\boldsymbol{U} = \sum_{k=1}^{2n} \xi_k \boldsymbol{u}_k \tag{4.19}$$

定义以下符号

$$c_{kl} = \boldsymbol{f}_k^{\mathrm{T}} \boldsymbol{u}_l \tag{4.20}$$

$$\xi_{kl} = E(\xi_k \xi_l) \quad (k、l = 1,2,\cdots,2n) \tag{4.21}$$

$$\xi_{klrs} = E(\xi_k \xi_l \xi_r \xi_s) \quad (k、l、r、s = 1,2,\cdots,2n) \tag{4.22}$$

柔顺度表达式为

$$c = \boldsymbol{F}^{\mathrm{T}} \boldsymbol{U} = \Big(\sum_{k=1}^{2n} \xi_k \boldsymbol{f}_k\Big)^{\mathrm{T}} \Big(\sum_{l=1}^{2n} \xi_l \boldsymbol{u}_l\Big) = \sum_{k=1}^{2n} \sum_{l=1}^{2n} \xi_k \xi_l \boldsymbol{f}_k^{\mathrm{T}} \boldsymbol{u}_l$$

$$= \sum_{k=1}^{2n} \sum_{l=1}^{2n} \xi_k \xi_l c_{kl} \tag{4.23}$$

柔顺度均值和方差可表达为

$$\mu(c) = E\Big(\sum_{k=1}^{2n} \sum_{l=1}^{2n} \xi_k \xi_l c_{kl}\Big) = \sum_{k,l=1}^{2n} \xi_{kl} c_{kl} \tag{4.24}$$

$$\sigma^2(c) = E(c^2) - \mu^2(c) = \sum_{k,l,r,s=1}^{2n} (\xi_{klrs} - \xi_{kl}\xi_{rs}) c_{kl} c_{rs} \tag{4.25}$$

由此可得，柔顺度均值和方差敏度表达式为

$$\frac{\partial \mu(c)}{\partial \rho_e} = \sum_{k,s=1}^{2n} \xi_{ks} \frac{\partial c_{ks}}{\partial \rho_e} \tag{4.26}$$

$$\frac{\partial \sigma(c)}{\partial \rho_e} = \frac{1}{2\sigma(c)} \frac{\partial \sigma^2(c)}{\partial \rho_e} = \frac{1}{2\sigma(c)} \sum_{k,l,r,s=1}^{2n} (\xi_{klrs} - \xi_{kl}\xi_{rs}) c_{rs}^\gamma \frac{\partial c_{kl}^\gamma}{\partial \rho_e} \tag{4.27}$$

由此可得，约束函数对密度变量的敏度表达式为

$$\frac{\partial g(\rho)}{\partial \rho_e} = \frac{\partial \mu(c)}{\partial \rho_e} + 3 \frac{\partial \sigma(c)}{\partial \rho_e} \tag{4.28}$$

在获取了约束函数敏度的前提下，即可通过 ICM 方法建立体积最小化，柔顺度约束下的拓扑优化列式，并通过 SQP 求解。其建模与求解过程这里不再详述。

## 4.3.2 失效—安全要求下的拓扑优化建模

失效—安全设计通过预先指定结构失效区域，将结构失效—安全问题归为考虑各种结构失效下性能约束的结构设计问题。Janson 等[119]通过每个单元的失效来模拟失效—安全设计，由于

涉及失效区域数量庞大，导致了对应的有限元分析计算量庞大。Zhou 等[120]借鉴杆件概念，预设定一定大小和数量的失效区域，使得失效数大幅降低，从而极大提高了求解效率。

由于通过预失效区域来实现失效—安全设计，在 ICM 拓扑优化方法中转换成多约束问题处理，故而这里不再详细介绍，在后面的章节中通过数值算例进行说明。

### 4.3.3　数值算例

【算例 1】　如图 4.10 所示的 T 形结构，两个集中力作为独立工况内的载荷对称施加在结构左右两侧。假设每个载荷的大小和方向均为独立变量并满足正态分布。设载荷大小为 1，结构密度值全部为 1 时，对应的柔顺度值为 $c_0$，柔顺度约束上限设置为 $2.8c_0$。情况（a）：载荷大小不确定，其方差变化范围为

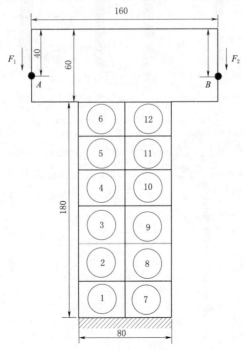

图 4.10　平面 T 形结构示意

0.05~0.15；情况（b）：载荷大小和方向均为不确定，载荷大小均值和方差分别为 1 和 0.15，角度均值和方差分别为 $\pi/2$ 和 $\pi/30$。载荷大小不确定下的拓扑优化结果如图 4.11 所示其中（a）$W/W_0=0.316$，$c/c_0=2.799$；（b）$W/W_0=0.397$，$c/c_0=2.799$；（c）$W/W_0=0.492$，$c/c_0=2.799$。载荷大小和方向不确定下约拓扑优化结果如图 4.12 所示。

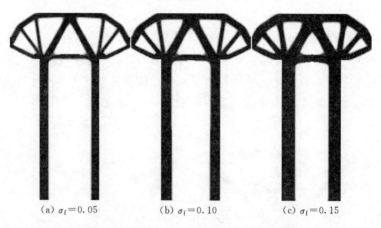

(a) $\sigma_f=0.05$          (b) $\sigma_f=0.10$          (c) $\sigma_f=0.15$

图 4.11　载荷大小不确定下的拓扑优化结果

图 4.12　载荷大小和方向不确定下的拓扑优化结果

由图 4.11 可知，随着载荷大小方差的增大，在相同的刚度设定要求下，需要更多的材料来抵抗外力。由图 4.12 可知，当考虑载荷大小和方向不确定情况下，拓扑优化结果出现了交叉结构以抵御水平方向外载荷作用。上述结果符合工程实际，也证明了提出方法的可行性。

【算例 2】　如图 4.13 所示的平面结构，结构尺寸为 $100 \times 200$，顶端面全约束，底边中点受到水平向右的剪切载荷 $F=1$ 作用，柔顺度约束值为 35。结构中共有如图 4.13 所示的 8 个可能失效区域，失效区域大小为 25×25。本算例数据与文献 [119] 保持一致，用于验证 ICM 方法的可行性和有效性。拓扑优化结果如图 4.14 所示。

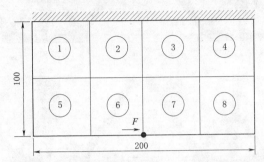

图 4.13 受剪切载荷的平面结构和可能失效区域设置

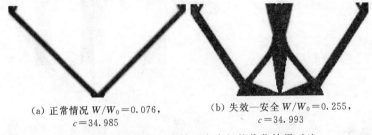

（a）正常情况 $W/W_0=0.076$，
  $c=34.985$

（b）失效—安全 $W/W_0=0.255$，
  $c=34.993$

图 4.14 正常情况与失效—安全拓扑优化结果对比

由图 4.14 可知，相比较正常情况，在相同的约束情况下，失效—安全设计结构的体积比大大增加，这说明了为了获取满足设计要求结构，需要相对较多的材料布局，这一结果也符合工程直觉。失效—安全拓扑优化结果对应的各类失效情况如图 4.15 所示。

由图 4.15 可知，最危险工况发生在情况 6 或情况 7 下，这与文献 [119] 结论类似，也进一步说明了本文提出方法在失效—安全设计中的有效性。

【算例3】 同算例 1 相同的结构，如图 4.10 所示，大小为 40×30 的局部可能缺陷区域铺满结构，设柔顺度上限值为 600，

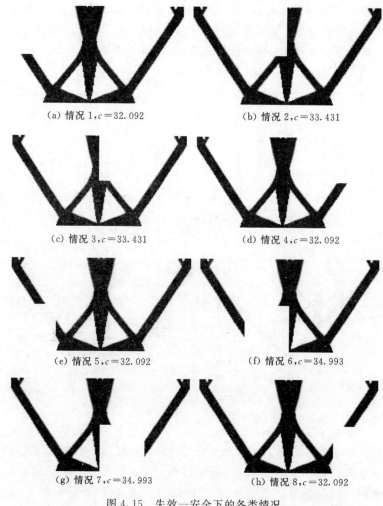

(a) 情况 1,$c=32.092$　　　　　　(b) 情况 2,$c=33.431$

(c) 情况 3,$c=33.431$　　　　　　(d) 情况 4,$c=32.092$

(e) 情况 5,$c=32.092$　　　　　　(f) 情况 6,$c=34.993$

(g) 情况 7,$c=34.993$　　　　　　(h) 情况 8,$c=32.092$

图 4.15　失效—安全下的各类情况

考虑载荷大小和方向不确定性,其均值和方差分别为 $\mu_F=1$,
$\sigma_F=0.1$,$\mu_\theta=-\pi/2$ 和 $\sigma_\theta=\pi/90$。当考虑载荷不确定性与否拓
扑优化结果对比如图 4.16 所示。在考虑载荷不确定情况下,失
效—安全设计结果如图 4.17 所示;出于比较的目的,当不考虑
载荷不确定情况下,失效—安全设计结果如图 4.18 所示。

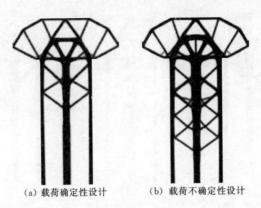

(a) 载荷确定性设计　　　(b) 载荷不确定性设计

图 4.16　考虑载荷不确定性与否拓扑优化结果对比

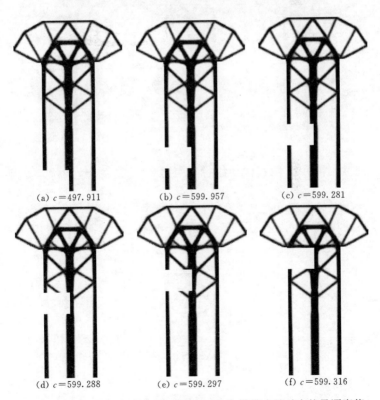

(a) $c=497.911$　　　(b) $c=599.957$　　　(c) $c=599.281$

(d) $c=599.288$　　　(e) $c=599.297$　　　(f) $c=599.316$

图 4.17（一）　考虑载荷不确定情况下各失效模式及对应的柔顺度值

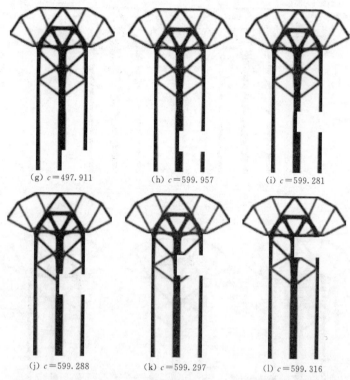

(g) $c=497.911$    (h) $c=599.957$    (i) $c=599.281$

(j) $c=599.288$    (k) $c=599.297$    (l) $c=599.316$

图 4.17（二）　考虑载荷不确定情况下各失效模式及对应的柔顺度值

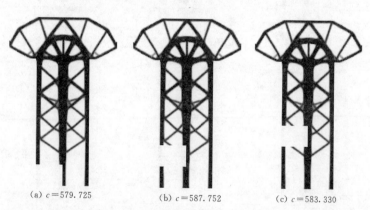

(a) $c=579.725$    (b) $c=587.752$    (c) $c=583.330$

图 4.18（一）　不考虑载荷不确定情况下各失效模式及对应的柔顺度值

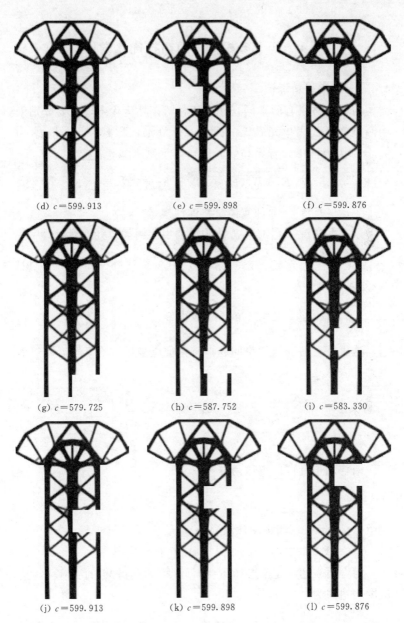

(d) $c=599.913$    (e) $c=599.898$    (f) $c=599.876$

(g) $c=579.725$    (h) $c=587.752$    (i) $c=583.330$

(j) $c=599.913$    (k) $c=599.898$    (l) $c=599.876$

图 4.18（二）  不考虑载荷不确定情况下各失效模式及对应的柔顺度值

## 4.4 基于多相材料的拓扑优化设计

### 4.4.1 多相材料插值

与单相材料有所不同，在多相材料拓扑优化中，需要分别采用两类变量代表单元有无的强弱。设单元 $e$ 两类密度变量 $\rho_e$ 和 $\overline{\omega}_e$ 分别为表征单元有无和强弱，则单元弹性模量表达为

$$E_e = \rho_e^p \left[ E^2 + \overline{\omega}_e^p (E^1 - E^2) \right] \quad (e = 1, 2, \cdots, NE) \quad (4.29)$$

式中  $E^1$, $E^2$——两种实体材料弹性模量。

则在此情况下，ICM 方法中需要引入两类设计变量，即

$$x_e = 1/\rho_e^p, y_e = 1/\overline{\omega}_e^p \quad (4.30)$$

由此可得

$$\frac{\partial \rho_e}{\partial x_e} = -\frac{1}{p} x_e^{-(1/p+1)}, \frac{\partial \overline{\omega}_e}{\partial y_e} = -\frac{1}{p} y_e^{-(1/p+1)} \quad (4.31)$$

这里针对特征值约束问题，将特征值采用一阶泰勒展开近似得到其表达式

$$\lambda_j \approx \lambda_j^{(a)} + \sum_{e=1}^{NE} \frac{\partial \lambda_j}{\partial x_i} \bigg|_a \left[ x_e - x_e^{(a)} \right] + \sum_{e=1}^{NE} \frac{\partial \lambda_j}{\partial y_e} \bigg|_a \left[ y_e - y_e^{(a)} \right]$$

$$(4.32)$$

结构总重量可以表达为

$$W = \sum_{e=1}^{NE} \rho_e \left[ \rho^2 + \overline{\omega}_e (\rho^1 - \rho^2) \right] W_0 \quad (4.33)$$

式中  $\rho^1$、$\rho^2$——两种实体材料密度；

$W_0$——密度为 1 时，单元重量。

为方便表达，定义参数 $\gamma = 1/p$，由此可得 $W$ 的一阶、二阶敏度表达式为

$$\frac{\partial W}{\partial x_e} = -\gamma x_e^{-(\gamma+1)} \left[ \rho^2 + y_e^{-\gamma} (\rho^1 - \rho^2) \right] W_0 \quad (4.34a)$$

$$\frac{\partial W}{\partial y_e} = -\gamma x_e^{-\gamma} y_e^{-(\gamma+1)} (\rho^1 - \rho^2) W_0 \tag{4.34b}$$

$$\frac{\partial^2 W}{\partial x_e^2} = \gamma(\gamma+1) x_e^{-(\gamma+2)} \left[ \rho^2 + y_e^{-\gamma} (\rho^1 - \rho^2) \right] W_0 \tag{4.34c}$$

$$\frac{\partial^2 W}{\partial y_e^2} = \gamma(\gamma+1) x_e^{-\gamma} y_e^{-(\gamma+2)} (\rho^1 - \rho^2) W_0 \tag{4.34d}$$

$$\frac{\partial^2 W}{\partial x_e \partial y_e} = \gamma^2 x_e^{-(\gamma+1)} y_e^{-(\gamma+1)} (\rho^1 - \rho^2) W_0 \tag{4.34e}$$

在后面的推导中，与前面介绍的 ICM 方法流程类似，这里不再详细叙述。

### 4.4.2 数值算例

【算例1】 本算例用于讨论多相材料结构拓扑优化的局部最优解问题。平面结构如图 4.19 所示，可选材料机械属性见表 4.4。尺寸参数为 80mm×50mm。左端面全固定，当结构全部为碳钢时，则对应的质量为 $m_0$。一个质量大小为 $m_0$ 的集中质量点位移位于右端中点处。结构采用 80×50 四节点平面应力单元离散。设一阶特征频率不低于 1500Hz。选择钢和虚拟材料作为可选材料，当分别采用 SIMP 方法和 MMA 求解和 ICM 方法求解时候，得到的拓扑优化结果如图 4.20 所示。

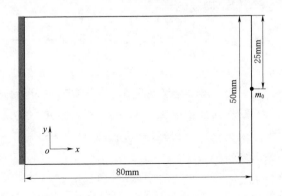

图 4.19　短悬臂梁示意

表 4.4　　　　　　　　　　　可选材料机械属性

| 材料名称 | 弹性模量/GPa | 泊松比 | 密度/(kg/m³) | 弹性模量与密度比/(GPa·m³/kg) |
|---|---|---|---|---|
| 虚拟材料 | 100 | 0.29 | 5000 | 0.0200 |
| 碳钢 | 200 | 0.29 | 7900 | 0.0253 |
| 铝 | 70 | 0.33 | 2800 | 0.0250 |
| 镁 | 45.7 | 0.35 | 1740 | 0.0263 |

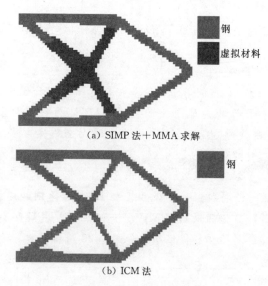

钢

虚拟材料

（a）SIMP 法＋MMA 求解

钢

（b）ICM 法

图 4.20　不同方法对应的拓扑优化结构

　　由结果可知，采用 SIMP 方法，得到的拓扑优化结果包含两种不同的材料。由于碳钢具有较大的弹性模量值和比刚度，故而 SIMP 方法结果可视为局部优化结果，而采用 ICM 方法，得到的拓扑优化结果中仅包含碳钢，这说明提出的方法能在一定程度上避免局部最优解。

　　【算例 2】　如图 4.21 所示的两端固定长梁结构，结构长度为 $L=280$mm，高度为 $H=40$mm，厚度为 1mm。左右端面全约束。两种可选用材料为铝和镁。假设结构全部采用铝，则对应

参考质量为 $m_0$。假设质量大小为 $m_0$ 的集中质量点位于结构中心处。整个结构采用 280mm×40mm 的四节点平面应力单元离散。当结构包含单一材料铝或镁时，对应的一阶频率分别为 1753.2Hz 和 1055.2Hz。当结构全部为铝时，对应的参考重量为 $W_0$，拓扑优化以重量比（优化结构重量与参考重量 $W_0$ 的比值）最小化为目标，一阶频率不低于 850Hz。为了说明提出方法的可行性，提出方法和 SIMP 方法列式下 MMA 求解的拓扑优化结果如图 4.22 所示。

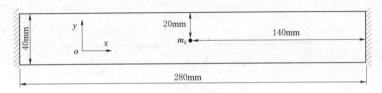

图 4.21　长梁结构

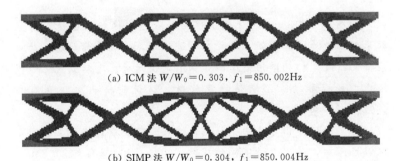

(a) ICM 法 $W/W_0=0.303$，$f_1=850.002$Hz

(b) SIMP 法 $W/W_0=0.304$，$f_1=850.004$Hz

图 4.22　不同方法求解

由图 4.22 可知，两种不同方法得到的拓扑优化结构相似，优化结构的一阶频率值均略大于设定值，优化结构体积比分别为 0.303 和 0.304，上述结构说明了提出方法在处理多相材料结构一阶频率约束轻量化设计问题中具有可行性和有效性。

为了说明提出方法在优化迭代中的特点，体积比和一阶频率演化历程如图 4.23 所示，图 4.23 中插入了优化迭代历程中第

20、第 40、第 60 和第 80 步的优化结果。

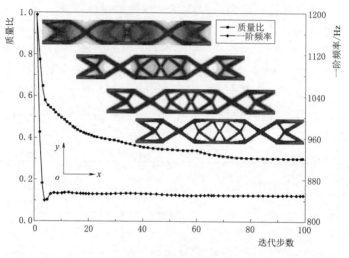

图 4.23 优化迭代历程

由图 4.23 可知，在优化迭代初始阶段，体积比迅速下降且约束频率快速达到阈值。尽管在此过程中，存在着频率违反约束条件的情况，但频率值迅速回升到限定值附近。之后到优化迭代终止，目标和约束函数值稳定收敛，这说明提出方法具有稳健性。

为了验证提出方法的拓扑优化结果无明显棋盘格现象和网格依赖性问题，采用三种不同的网格：（1）560×80；（2）840×120；（3）1120×160，不同离散网格下的目标与约束函数拓扑优化迭代历程如图 4.24 所示，对应的拓扑优化结果如图 4.25 所示。

由图 4.25 可知，不同离散网格下的目标和约束函数迭代曲线几乎重合，这说明提出的优化算法优化迭代并不受网格离散程度的影响。最优拓扑构型相似，体现了优化结果的网格无关性特点，微小差别主要表现在所用的网格越细密，则拓扑优化结构边界越光滑。

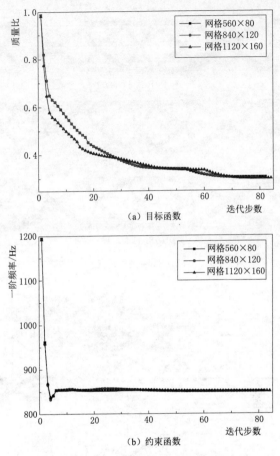

（a）目标函数

（b）约束函数

图 4.24　不同离散网格下的优化迭代历程

　　为了考察频率约束值对优化结果的影响，设置频率约束上限从 600Hz 到 1000Hz 变化，则不同基频约束下的拓扑优化结果如图 4.26 所示，考虑到结构对称性，仅 1/2 结构在图中显示。

　　由图 4.26 可知，随着基频约束的提高，需要更多的材料来满足设定的约束条件；对应铝镁混合情况，选择材料具有更大的自由度，在相同的频率约束下，多相材料优化结构较单相材料结构重量更低，具有更好的轻量化设计效果。

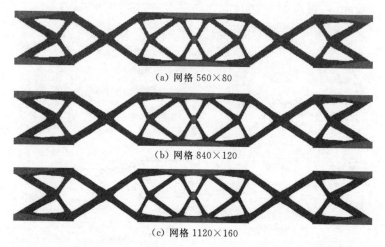

(a) 网格 560×80

(b) 网格 840×120

(c) 网格 1120×160

图 4.25　不同离散网格下的拓扑优化结果

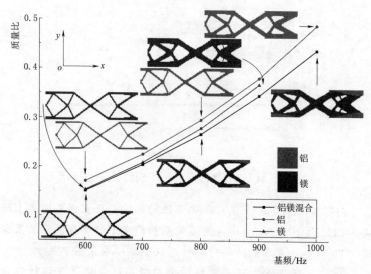

图 4.26　不同基频约束下的拓扑优化结果

【算例3】　该算例用于考察提出方法在三维结构和节点位移约束上的可行性。如图 4.27 所示的三维简支梁结构，长度 $L=$

1200mm，高度 $H=200$mm，厚度 $B=200$mm。大小 200kN 的载荷垂直作用于顶部中心位置，为了避免应力集中，载荷分布在临近的三个节点上。采用 $120\times20\times20$ 的块状实体单元离散结构。铝和镁作为可选用材料。当结构由铝材料或镁材料组成，则载荷作用点 $P$ 的位移分别为 $-1.220$mm 或 $-1.895$mm。当结构全部为铝材料时，对应的参考质量为 $W_0$。设置载荷作用点 $P$ 的位移约束下限变化范围为 $-5.0$mm 到 $-1.5$mm，则不同位移约束下的拓扑优化结果如图 4.28 所示，图中插入一些典型的拓扑优化构型，为了显示的清晰性，仅 1/2 结构绘制出来。

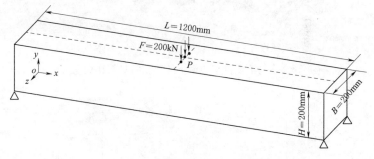

图 4.27　三维简支梁结构示意图

由图 4.28 可知，随着对节点位移限制的加强，优化结构需要更多的材料来抵御外力，此类结果符合工程直觉。由于多相材料结构具有更大的寻优空间，在相同的节点位移约束下，多相材料结构质量比单相材料结构质量更轻，结果也说明本文提出的方法在处理多相材料三维结构节点位移约束下的可行性和有效性。

【算例 4】　本算例用于验证提出的方法在处理多约束问题的可行性和有效性。如图 4.29 所示的短悬臂梁结构，长度和高度均为 100mm，在右上、下端点施加垂直方向的载荷并各自形成一个工况。在工况 I 下，设置受载点 $A$ 位移约束为 $u_A\geqslant-2$cm；在工况 II 下，设置受载点 $A$ 位移约束上限从 1.2cm 至 2.0cm。平面结构离散为 $100\times100$ 个四节点平面应力单元。不同位移约束下的拓扑优化结果如图 4.30 所示。

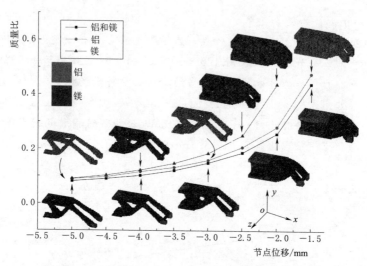

图 4.28 不同节点位移约束下的多相材料拓扑优化结果

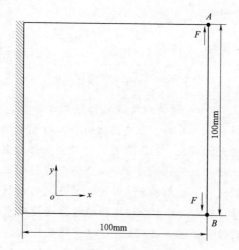

图 4.29 短悬臂梁结构

由图 4.30 可知，随着节点位移约束条件的松弛，优化结构分配的材料较少。优化结果说明提出的方法能自动分配多相材料以满足多工况多约束的要求。

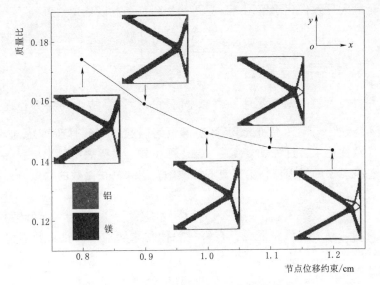

图 4.30 不同位移约束下的拓扑优化结果

## 4.5 应力约束拓扑优化设计

在应力约束中，存在着奇异最优解、约束数庞大和应力约束非线性三重困难。针对上述困难，最常见的是 Epsilon 松弛列式[121-122]，$qp$ 法[123] 和有效约束集法[124] 等。这里主要是采用 $qp$ 法思想，在 ICM 方法的基础上，提出相应的优化类似于求解方法。

在常见的应力约束中，对单元应力施加了与弹性模量不同的惩罚因子，惩罚应力表达式为

$$\boldsymbol{\sigma}_e = \rho_e^{\gamma} \boldsymbol{D}_0 \boldsymbol{B}_c \boldsymbol{u}_e \tag{4.35}$$

式中　$\gamma$——应力惩罚因子，取值范围通常为 $0.1 \sim 1.0$；

　　$\boldsymbol{D}_0$——实体材料弹性矩阵；

　　$\boldsymbol{B}_c$——单元中心位置的应变矩阵。

拓扑优化模型中的应力约束个数与单元数相关，约束方程数

量庞大导致优化求解困难。这里采用包络函数以减少约束数目

$$\sigma^{PN} = \left[ \sum_{e=1}^{NE} \left( \frac{\sigma_e^{VM}}{\overline{\sigma}_0} \right)^{\xi} \right]^{\frac{1}{\xi}} \qquad (4.36)$$

式中　$\xi$——包络参数。

当 $\xi$ 趋于无穷大时，$\sigma^{PN}$ 等同于 $\max \frac{\sigma_e^{VM}}{\overline{\sigma}_0}$。应力约束方程表达为 $\sigma^{PN} \leqslant 1$。$p$ 取值过大将使得包络函数的非线性程度增加，导致优化求解过程反复震荡。当 $\xi$ 取值较小，凝聚函数无法取代包络对象的最大值。为了克服该缺陷，引入修正系数的约束方程表达为

$$\overline{\sigma}^{PN} = cp \cdot \sigma^{PN} \leqslant 1 \qquad (4.37)$$

式中　$cp$——修正系数。在每一轮优化求解前，修正系数通过下式计算得到

$$cp = \frac{\max(\sigma_e^{VM})}{\overline{\sigma}_0 \cdot \overline{\sigma}^{PN}} \qquad (4.38)$$

### 4.5.1　敏度分析

由式（4.38）可知

$$\frac{\partial \sigma^{PN}}{\partial \sigma_e^{VM}} = \frac{\left[ \sum_{e=1}^{NE} \left( \frac{\sigma_e^{VM}}{\overline{\sigma}} \right)^{\xi} \right]^{\frac{1}{\xi}-1} \left( \frac{\sigma_e^{VM}}{\overline{\sigma}} \right)^{\xi-1}}{\overline{\sigma}} \qquad (4.39)$$

以平面结构为例，设单元 $e$ 应力分量为 $\{\sigma_{ex}, \sigma_{ey}, \tau_{exy}\}^{\mathrm{T}}$，$\sigma_e^{VM}$ 对应力分量的偏导数为

$$\frac{\partial \sigma_e^{VM}}{\partial \sigma_{ex}} = \frac{1}{2\sigma_e^{VM}} (2\sigma_{ex} - \sigma_{ey}) \qquad (4.40a)$$

$$\frac{\partial \sigma_e^{VM}}{\partial \sigma_{ey}} = \frac{1}{2\sigma_e^{VM}} (2\sigma_{ey} - \sigma_{ex}) \qquad (4.40b)$$

$$\frac{\partial \sigma_e^{VM}}{\partial \tau_{exy}} = \frac{3\tau_{exy}}{\sigma_e^{VM}} \qquad (4.40c)$$

由式（4.50）两边对密度变量求导可得

$$\frac{\partial \sigma_e}{\partial \rho_i} = \frac{\partial \rho_e^{\gamma}}{\partial \rho_i} \boldsymbol{D}_0 \boldsymbol{B}_c \boldsymbol{u}_e + \rho_e^{\gamma} \boldsymbol{D}_0 \boldsymbol{B}_c \frac{\partial \boldsymbol{u}_e}{\partial \rho_i} \qquad (4.41)$$

当且仅当 $i=e$ 时 $\dfrac{\partial \rho_e^{\gamma}}{\partial \rho_i} \neq 0$，则

$$\frac{\partial \boldsymbol{\sigma}_e}{\partial \rho_i} = \gamma \rho_i^{\gamma-1} \boldsymbol{D}_0 \boldsymbol{B}_c \boldsymbol{u}_i + \rho_e^{\gamma} \boldsymbol{D}_0 \boldsymbol{B}_c \frac{\partial \boldsymbol{u}_e}{\partial \rho_i} \tag{4.42}$$

由静力学平衡方程 $\boldsymbol{KU} = \boldsymbol{F}$ 可得

$$\frac{\partial \boldsymbol{u}}{\partial \rho_i} = \boldsymbol{K}^{-1} \left( \frac{\partial \boldsymbol{F}}{\partial \rho_i} - \frac{\partial \boldsymbol{K}}{\partial \rho_i} \boldsymbol{u} \right) \tag{4.43}$$

由此可得

$$\frac{\partial \boldsymbol{\sigma}_e}{\partial \rho_i} = \gamma \rho_i^{\gamma-1} \boldsymbol{D}_0 \boldsymbol{B}_c \boldsymbol{u}_i + \rho_i^{\gamma} \boldsymbol{D}_0 \boldsymbol{B}_c \boldsymbol{K}^{-1} \left( \frac{\partial \boldsymbol{F}}{\partial \rho_i} - \frac{\partial \boldsymbol{K}}{\partial \rho_i} \boldsymbol{u} \right) \tag{4.44}$$

则有

$$\begin{aligned}
\frac{\partial \bar{\sigma}^{PN}}{\partial \rho_i} &= cp \cdot \frac{\partial \sigma^{PN}}{\partial \rho_i} = cp \cdot \sum_{e=1}^{NE} \frac{\partial \sigma^{PN}}{\partial \sigma_e^{VM}} \left( \frac{\partial \sigma_e^{VM}}{\partial \boldsymbol{\sigma}_e} \right)^{\mathrm{T}} \frac{\partial \boldsymbol{\sigma}_e}{\partial \rho_i} \\
&= cp \cdot \frac{\partial \sigma^{PN}}{\partial \sigma_i^{VM}} \left( \frac{\partial \sigma_i^{VM}}{\partial \sigma_i} \right)^{T} \gamma \rho_i^{\gamma-1} \boldsymbol{D}_0 \boldsymbol{B}_c \boldsymbol{u}_i \\
&\quad + cp \cdot \sum_{e=1}^{NE} \frac{\partial \sigma^{PN}}{\partial \sigma_e^{VM}} \left( \frac{\partial \sigma_e^{VM}}{\partial \sigma_e} \right)^{T} \rho_i^{\gamma} \boldsymbol{D}_0 \boldsymbol{B}_c \boldsymbol{K}^{-1} \left( \frac{\partial F}{\partial \rho_e} - \frac{\partial \boldsymbol{K}}{\partial \rho_e} \boldsymbol{u} \right)
\end{aligned} \tag{4.45}$$

当外界载荷具有设计无关性时，则 $\dfrac{\partial \boldsymbol{F}}{\partial \rho_e} = 0$。

建立伴随方程

$$\boldsymbol{K}\boldsymbol{\lambda} = \sum_{e=1}^{NE} \frac{\partial \sigma^{PN}}{\partial \sigma_e^{VM}} \boldsymbol{B}_c^{\mathrm{T}} \boldsymbol{D}_0^{\mathrm{T}} \left( \frac{\partial \sigma_e^{VM}}{\partial \sigma_e} \right) \tag{4.46}$$

则

$$\frac{\partial \bar{\sigma}^{PN}}{\partial \rho_i} = cp \cdot \frac{\partial \sigma^{PN}}{\partial \rho_i} = cp \cdot \left[ \frac{\partial \sigma^{PN}}{\partial \sigma_i^{VM}} \left( \frac{\partial \sigma_i^{VM}}{\partial \boldsymbol{\sigma}_i} \right)^{T} \gamma \rho_i^{\gamma-1} \boldsymbol{D}_0 \boldsymbol{B}_c \boldsymbol{u}_i - \rho_i^{\gamma} \boldsymbol{\lambda}_i^{\mathrm{T}} \frac{\partial \boldsymbol{K}_i}{\partial \rho_i} \boldsymbol{u}_i \right] \tag{4.47}$$

基于上述敏度信息，应力约束函数采用一阶泰勒展开得到显式表达式

$$cp \cdot \left[ \sigma_0^{PN} + \sum_{e=1}^{NE} \frac{\partial \sigma^{PN}}{\partial x_e} \bigg|_{x=x^{(a)}} [x_e - x_e^{(a)}] \right] \leqslant 1 \tag{4.48}$$

基于上述敏度信息，即可得优化近似二次规划模型列式，这里不再详细叙述。

为了稳定优化求解，与 OC 算法类似，引入了运动极限 $m(m>0)$，在每一轮优化迭代中单元密度值变化范围为

$$\max(\rho_e-m,\rho_{\min})\leqslant\rho_e\leqslant\min(\rho_e+m,1) \tag{4.49}$$

优化数值算例经验表明，$m$ 对优化求解的稳定性影响较大。设计变量 $x_e$ 在每轮优化迭代的限定范围为

$$\max[(\rho_e+m)^{-p},1]\leqslant x_e\leqslant\min[(\rho_e-m)^{-p},\rho_{\min}^{-p}] \tag{4.50}$$

### 4.5.2　数值算例

【算例 1】　L 形结构尺寸及边界条件如图 4.31（a）所示，顶端全约束，右上角点受到垂直向下的载荷作用。为了避免应力集中，载荷均匀分布在如图 4.31（a）所示的 6 个临近节点上。初始结构应力分布如图 4.31（b）所示，最大应力位置发生 L 形结构拐点处，最大值为 0.777。设许用应力值为 0.55。基于本文方法的体积比和最大应力优化迭代历程如图 4.32 所示。拓扑优化结构及对应的应力分布如图 4.33 所示。

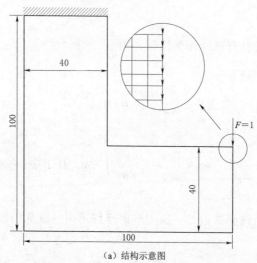

（a）结构示意图

图 4.31（一）　初始结构示意及应力分布

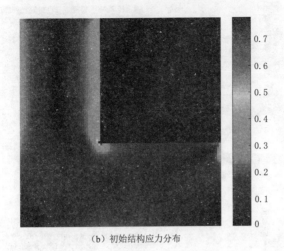

（b）初始结构应力分布

图 4.31（二） 初始结构示意及应力分布

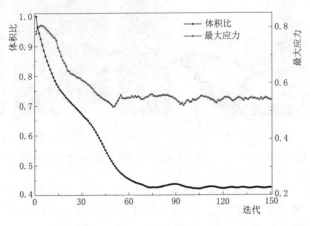

图 4.32 基于 ICM 方法的体积比和最大应力优化迭代历程

为了说明 ICM 方法的可行性，优化结果将与基于 MMA 算法求解的 SIMP 方法对比，由于无法严格满足设定的收敛条件，指定最大优化迭代步为 200 步，拓扑优化结构及其对应的应力分布如图 4.34 所示。

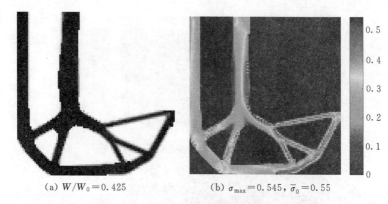

(a) $W/W_0 = 0.425$        (b) $\sigma_{max} = 0.545, \bar{\sigma}_0 = 0.55$

图 4.33　基于 ICM 方法的拓扑优化结果

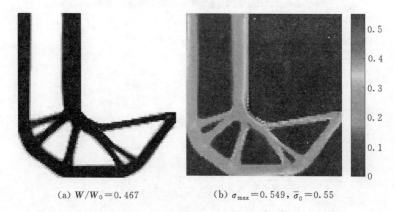

(a) $W/W_0 = 0.467$        (b) $\sigma_{max} = 0.549, \bar{\sigma}_0 = 0.55$

图 4.34　基于 MMA 算法求解的 SIMP 方法的拓扑优化结果

　　由图 4.33 和图 4.34 结果对比可知，原有应力集中的拐角处均演化为圆弧结构，从而大大缓解了应力集中，两种方法下的拓扑优化设计均满足应力约束要求。

　　【算例 2】　在算例 1 中，ICM 方法得到的拓扑优化结构具有柔顺度值 248.64。以往的 ICM 方法通常设置总应变能约束来实现全局应力约束，为了说明与以往方法的区别，指定该柔顺度值为约束上限值，采用 ICM 方法求解体积最小化问题，得到的拓扑构型及应力分布如图 4.35 所示。

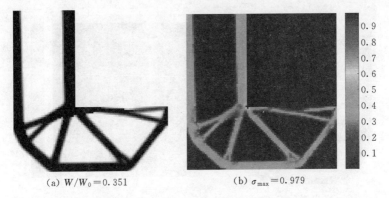

(a) $W/W_0 = 0.351$       (b) $\sigma_{max} = 0.979$

图 4.35　柔顺度约束下的拓扑优化结果

由图 4.33 和图 4.35 对比可知，刚强度要求下的优化设计结果有所不同。在刚度设计要求下，$L$ 形梁保留了原有直角结构，无法消除应力集中现象。以往的 ICM 方法在处理全局应力约束时，采用总应变能约束，能够在整体上把握传力路径特征，但是无法实现结构的细节设计，优化结果进一步说明了考虑局部应力约束的拓扑优化设计具有必要性。

【算例 3】　为了考察不同约束限制对拓扑优化结果的影响，取许用应力约束上限为 0.6，0.65 和 0.7，不同应力约束下的拓扑优化结果如图 4.36 所示。

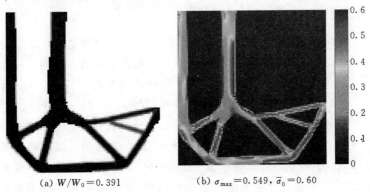

(a) $W/W_0 = 0.391$       (b) $\sigma_{max} = 0.549$，$\bar{\sigma}_0 = 0.60$

图 4.36（一）　不同强度约束下的拓扑优化结果

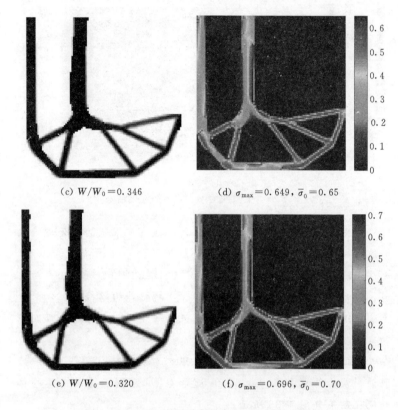

(c) $W/W_0 = 0.346$　　　　　(d) $\sigma_{max} = 0.649$, $\bar{\sigma}_0 = 0.65$

(e) $W/W_0 = 0.320$　　　　　(f) $\sigma_{max} = 0.696$, $\bar{\sigma}_0 = 0.70$

图 4.36（二）　不同强度约束下的拓扑优化结果

　　由图 4.36 可知，材料强度越高，则优化结构越轻，这一优化结果符合工程直觉。不同材料强度下的结构应力分布均匀，发挥了整个结构的潜力，达到了轻量化设计的目的。

　　【算例 4】　结构尺寸及边界条件如图 4.37（a）所示，其中上下端全约束，结构右侧受到垂直向下的载荷作用，为了避免应力集中，载荷均匀分布在如图所示的 15 个节点上。结构的两个直角拐角均为应力集中区域。初始结构的应力分布如图 4.37（b），其最大应力值为 0.612，设许用应力值为 0.55。基于 ICM 方法得到的拓扑优化结构及应力分布如图 4.38 所示。

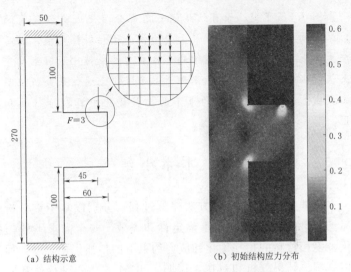

（a）结构示意　　　　　　　　　　　（b）初始结构应力分布

图 4.37　结构示意及初始结构应力分布

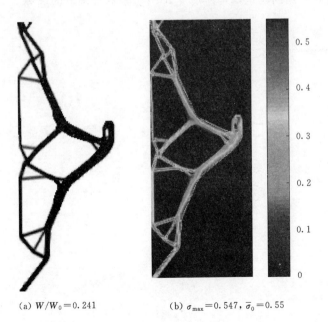

（a）$W/W_0 = 0.241$　　　　　（b）$\sigma_{max} = 0.547, \overline{\sigma}_0 = 0.55$

图 4.38　拓扑优化结构及等效应力分布

由图 4.38 可知，原有结构的直角部分演化成略带圆角的形状，结构的应力分布均匀，最大应力值小于材料强度值，满足设定应力约束要求。相比较原结构，在应力约束值比原有结构应力最大值还小的情况下，结构体积大幅下降。上述结果分析证明了本文提出方法在指定应力约束下的拓扑优化中具有可行性和有效性。

## 4.6 本章小结

本章详细描述了 ICM 方法建模过程，分别以基于重分析的 ICM 方法，考虑载荷方向不确定性和失效—安全需求下的拓扑优化、多相材料的拓扑优化和应力约束下的拓扑优化问题，通过数值算例、结果分析和对比，说明了 ICM 方法的可行性和有效性。在特定问题中，也体现了 ICM 方法高效求解的优势。

# 第5章 基于拓扑优化方法的材料设计

## 5.1 引 言

除了应用于宏观结构轻量化设计外，拓扑优化方法还可以应用于微观结构优化设计。Sigmund[125]最早将均匀化理论引入到材料微结构的等效性能计算和拓扑优化中，随后的研究延伸至多材料体积模量最大化问题中[126]。近年来，随着增材制造技术的发展，基于拓扑优化技术的材料微结构设计研究兴起，这方面的研究进展可参考文献 [127]。在材料学研究中发现，将两种不同泊松比的材料复合在一起，会产生刚度增强型的效果，即复合材料的等效弹性模量会显著增加，而且这种增强效应和组分材料的泊松比差值相关[128-133]。本章将基于上述泊松比效应产生的刚度增强现象，在数值均匀化中引入泊松比插值，通过拓扑优化设计，寻求设定目标下的材料布局优化[134-135]。

## 5.2 均 匀 化 理 论

已知线弹性材料满足

$$\boldsymbol{\sigma} = \boldsymbol{E}^{\mathrm{H}} \boldsymbol{\varepsilon} \tag{5.1}$$

式中 $\boldsymbol{\sigma}$——应力张量；

$\boldsymbol{\varepsilon}$——应变张量；

$\boldsymbol{E}^{\mathrm{H}}$——等效弹性矩阵。

复合材料的弹性矩阵采用均匀化理论（homogenization theory，HT）计算得到

$$\boldsymbol{E}_{ijkl}^{\mathrm{H}} = \frac{1}{|V|} \int_V \boldsymbol{E}_{pqrs} \left[ \boldsymbol{\varepsilon}_{pq}^{0(ij)} - \boldsymbol{\varepsilon}_{pq}^{(ij)} \right] \left[ \boldsymbol{\varepsilon}_{rs}^{0(kl)} - \boldsymbol{\varepsilon}_{rs}^{(kl)} \right] \mathrm{d}V \tag{5.2}$$

柔度系数矩阵是弹性矩阵的逆矩阵，即

$$C^{\mathrm{H}} = E^{\mathrm{H}-1} \tag{5.3}$$

对于正交异性材料，写成 $C^{\mathrm{H}}$ 矩阵形式有

$$C^{\mathrm{H}} = \begin{bmatrix} \dfrac{1}{E_1^{eff}} & -\dfrac{\nu_{12}}{E_1^{eff}} & -\dfrac{\nu_{13}}{E_1^{eff}} & 0 & 0 & 0 \\[2ex] -\dfrac{\nu_{21}}{E_2^{eff}} & \dfrac{1}{E_2^{eff}} & -\dfrac{\nu_{23}}{E_2^{eff}} & 0 & 0 & 0 \\[2ex] -\dfrac{\nu_{31}}{E_3^{eff}} & -\dfrac{\nu_{32}}{E_3^{eff}} & \dfrac{1}{E_3^{eff}} & 0 & 0 & 0 \\[2ex] 0 & 0 & 0 & \dfrac{1}{G_{23}} & 0 & 0 \\[2ex] 0 & 0 & 0 & 0 & \dfrac{1}{G_{31}} & 0 \\[2ex] 0 & 0 & 0 & 0 & 0 & \dfrac{1}{G_{12}} \end{bmatrix} \tag{5.4}$$

式中　　$E_1^{eff}$，$E_2^{eff}$ 和 $E_3^{eff}$——材料方向 1、方向 2 和方向 3 的等效弹性模量；

$\nu_{ij}(i, j = 1, 2, 3, i \neq j)$——对应的泊松比；

$G_{12}$、$G_{23}$ 和 $G_{13}$——剪切模量。

体积模量和剪切模量定义为

$$K = \frac{1}{9}(E_{1111}^{\mathrm{H}} + E_{1122}^{\mathrm{H}} + E_{1133}^{\mathrm{H}} + E_{2211}^{\mathrm{H}} + E_{2222}^{\mathrm{H}} + E_{2233}^{\mathrm{H}} + E_{3311}^{\mathrm{H}} + E_{3322}^{\mathrm{H}} + E_{3333}^{\mathrm{H}})$$

$$\tag{5.5}$$

$$G = \frac{1}{3}(E_{2323}^{\mathrm{H}} + E_{3131}^{\mathrm{H}} + E_{1212}^{\mathrm{H}}) \tag{5.6}$$

假设复合材料由两种各向同性的组分材料构成，组分材料的体积模量 $K$ 和剪切模量 $G$ 计算公式为

$$K_j = \frac{E_j}{3(1 - 2\nu_j)}, G_j = \frac{E_j}{2(1 + \nu_j)} \quad (j = 1, 2) \tag{5.7}$$

根据 HS 极限可得复合材料体积模量和剪切模量的上限值[136]

$$y_K^U = \frac{4}{3}G_{\max}, y_G^U = \frac{G_{\max}(9K_{\max} + 8G_{\max})}{6K_{\max} + 12G_{\max}} \tag{5.8}$$

$$K^U = \left(\frac{V_1^f}{K_1 + y_K^U} + \frac{1 - V_1^f}{K_2 + y_K^U}\right)^{-1} - y_K^U, G^U = \left(\frac{V_1^f}{G_1 + y_K^G} + \frac{1 - V_1^f}{G_2 + y_K^G}\right)^{-1} - y_G^U$$

$$\tag{5.9}$$

式中　$K_{\max}$、$G_{\max}$——组分材料体积模量和剪切模量的最大值；

$V_1^f$——组分材料 1 的体积比。

## 5.3　材料插值

为了考虑两种不同的材料混合，尤其是针对泊松比不同的情况，本章采用弹性模量和泊松比双插值模型：

$$E(\rho_e) = E_2 + (E_1 - E_2)\rho_e^p, \nu(\rho_e) = \nu_2 + (\nu_1 - \nu_2)\rho_e \tag{5.10}$$

由式（5.10）可得

$$\partial E / \partial \rho_e = p(E_1 - E_2)\rho_e^{p-1}, \partial \nu / \partial \rho_e = \nu_1 - \nu_2 \tag{5.11}$$

采用拉梅系数表示弹性矩阵有

$$\boldsymbol{E}_{pqrs} = \gamma_e \begin{bmatrix} 1 & 1 & 1 & 0 & 0 & 0 \\ 1 & 1 & 1 & 0 & 0 & 0 \\ 1 & 1 & 1 & 0 & 0 & 0 \\ 0 & 0 & 0 & 0 & 0 & 0 \\ 0 & 0 & 0 & 0 & 0 & 0 \\ 0 & 0 & 0 & 0 & 0 & 0 \end{bmatrix} + \Theta_e \begin{bmatrix} 2 & 0 & 0 & 0 & 0 & 0 \\ 0 & 2 & 0 & 0 & 0 & 0 \\ 0 & 0 & 2 & 0 & 0 & 0 \\ 0 & 0 & 0 & 1 & 0 & 0 \\ 0 & 0 & 0 & 0 & 1 & 0 \\ 0 & 0 & 0 & 0 & 0 & 1 \end{bmatrix}$$

$$\tag{5.12}$$

拉梅系数 $\gamma$ 和 $\Theta$ 与弹性模量 $E$ 和泊松比 $\nu$ 的关系可表达为

$$\gamma = \frac{E\nu}{(1+\nu)(1-2\nu)}, \Theta = \frac{E}{2(1+\nu)} \tag{5.13}$$

由式（5.13）可得

$$\frac{\partial \gamma}{\partial E} = \frac{\nu}{(1+\nu)(1-2\nu)}, \frac{\partial \gamma}{\partial \nu} = \frac{E(1+2\nu^2)}{(1+\nu)^2(1-2\nu)^2} \tag{5.14}$$

$$\frac{\partial \Theta}{\partial E} = \frac{1}{2(1+\nu)}, \frac{\partial \Theta}{\partial \nu} = -\frac{E}{2(1+\nu)^2} \tag{5.15}$$

根据链式求导法则有

$$\frac{\partial E_{pqrs}}{\partial \rho_e} = \left(\frac{\partial \gamma_e}{\partial E_e}\frac{\partial E_e}{\partial \rho_e} + \frac{\partial \gamma_e}{\partial \nu_e}\frac{\partial \nu_e}{\partial \rho_e}\right)\begin{bmatrix} 1 & 1 & 1 & 0 & 0 & 0 \\ 1 & 1 & 1 & 0 & 0 & 0 \\ 1 & 1 & 1 & 0 & 0 & 0 \\ 0 & 0 & 0 & 0 & 0 & 0 \\ 0 & 0 & 0 & 0 & 0 & 0 \\ 0 & 0 & 0 & 0 & 0 & 0 \end{bmatrix}$$

$$+ \left(\frac{\partial \Theta_e}{\partial E_e}\frac{\partial E_e}{\partial \rho_e} + \frac{\partial \Theta_e}{\partial \nu_e}\frac{\partial \nu_e}{\partial \rho_e}\right)\begin{bmatrix} 2 & 0 & 0 & 0 & 0 & 0 \\ 0 & 2 & 0 & 0 & 0 & 0 \\ 0 & 0 & 2 & 0 & 0 & 0 \\ 0 & 0 & 0 & 1 & 0 & 0 \\ 0 & 0 & 0 & 0 & 1 & 0 \\ 0 & 0 & 0 & 0 & 0 & 1 \end{bmatrix}$$

$$(5.16)$$

对于数值均匀化、边界条件设定及敏度求解的详细过程可参考文献 [137-138]。

## 5.4　材料设计的拓扑优化列式与求解

以某一单方向下的弹性模量最大化为目标，不失一般性，选取 $E_3^{eff}$ 最大化为目标，拓扑优化列式为

$$\begin{cases} \max: E_3^{eff} \\ \text{s. t. }: V^* = fV_0 \end{cases} \qquad (5.17)$$

与式（5.17）类似，采用三个方向平均等效弹性模量最大化为目标，拓扑优化列式为

$$\begin{cases} \max: (E_1^{eff} + E_2^{eff} + E_3^{eff})/3 \\ \text{s. t. }: V^* = fV_0 \end{cases} \qquad (5.18)$$

当以体积模量和剪切模量最大化为目标，拓扑优化列式为

$$\begin{cases} \max: K \text{ 或 } G \\ \text{s. t. }: V^* \leqslant fV_0 \end{cases} \qquad (5.19)$$

拓扑优化列式（5.17）～式（5.19）可采用 OC 或 MMA 算法求解，这里不再详细叙述。

## 5.5　数值算例

单胞结构为单位长度立方体，采用 8 节点实体单元离散，单胞结构总共包含 40×40×40 个单元。为了得到正交各向异性复合材料，根据拓扑优化问题，可施加强制性对称性约束。这里考虑如图 5.1 所示的 3 种不同的初始结构，初始结构 1 中心位置处密度值为 0，单元的密度值与中心处距离成正比；初始结构 2 的

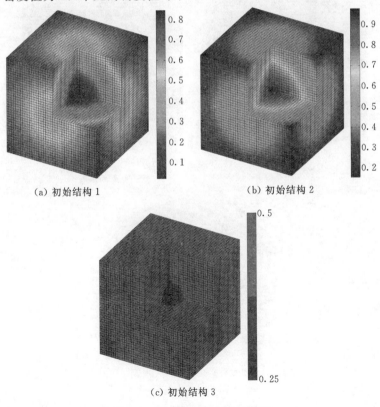

（a）初始结构 1　　　　　　　　（b）初始结构 2

（c）初始结构 3

图 5.1　初始结构材料密度分配

单元密度分布则同初始结构结构 1 相反；初始结构 3 的整体密度值为 0.5，中心处有半径为 1/6 的球体，密度值为 0.25。

【算例 1】 两种不同的基材料弹性模量数值均为 1.0，泊松比分别为 0.4 和 −0.9。若不考虑泊松比效应，根据 Voiget 法可以预测，以两种基材料构成的复合材料等效弹性模量上限值为 1。这里以某一方向等效弹性模量最大化为目标，即采用优化列式 (5.17)，设置两种基材料的体积比均为 50%。三种不同初始结构下的拓扑优化结果如图 5.2 所示。

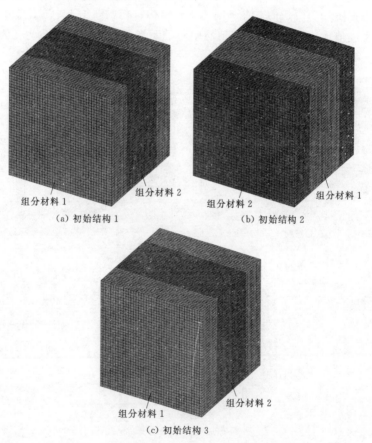

（a）初始结构 1 　　　　　　（b）初始结构 2

（c）初始结构 3

图 5.2　不同初始构型对应的拓扑优化构型

由图 5.2 可知，不考虑拓扑构型的微小差异，优化复合材料均呈现出三明治结构，对应的等效弹性模量分别为 $E_1^{eff}=E_2^{eff}=1.82$，$E_3^{eff}=3.08$，其数值均大大超过了基体材料对应的弹性模量值。由此可以推断，由于泊松效应，复合材料的等效弹性模量大幅度增加。

为了进一步考察体积比参数对拓扑优化结果的影响，改变体积比参数，不同体积比下等效弹性模量最大化结果如图 5.3 所示。

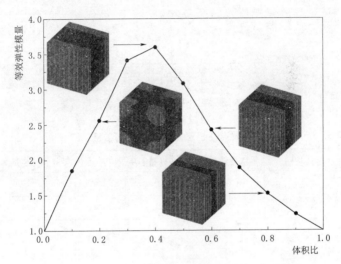

图 5.3　不同体积比下等效弹性模量

由图 5.3 可知，当体积比约为 40%，等效弹性模量值曲线达到顶峰。为了进一步获取曲线顶峰处对应的体积比数值，在体积比 20%～60% 间细化并改变体积比数值，通过优化求解得到等效弹性模量最大值，得到如图 5.4 所示的优化结果，结果数值详细罗列于表 5.1。

由图 5.4 可知，当材料 1 体积比达到 36% 时，等效弹性模量曲线处于顶峰，对应的等效弹性值为 $E_3^{eff}=3.6533$。这一结果与文献 [133] 中结果具有一致性，也证明本文提出方法的有效性和正确性。

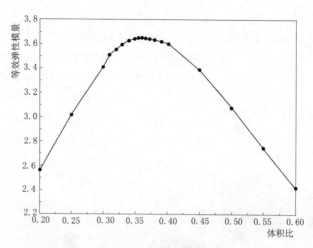

图 5.4　不同体积比下等效弹性模量优化结果

表 5.1　　　　　等效弹性模量随体积比变化结果

| 材料 1 体积比 $V_f^1/\%$ | 等效弹性模量 $E_3^{eff}$ | 材料 1 体积比 $V_f^1/\%$ | 等效弹性模量 $E_3^{eff}$ |
|---|---|---|---|
| 0 | 1.0000 | 37 | 3.6426 |
| 10 | 1.8545 | 38 | 3.6340 |
| 20 | 2.5606 | 39 | 3.6190 |
| 25 | 3.0180 | 40 | 3.6018 |
| 30 | 3.4114 | 45 | 3.3910 |
| 31 | 3.5090 | 50 | 3.0805 |
| 32 | 3.5538 | 55 | 2.7458 |
| 33 | 3.5964 | 60 | 2.4249 |
| 34 | 3.6273 | 70 | 1.8872 |
| 35 | 3.6458 | 80 | 1.5236 |
| 35.5 | 3.6524 | 90 | 1.1203 |
| 36 | 3.6533 | 100 | 1.0000 |
| 36.5 | 3.6495 | | |

**【算例2】** 与算例1参数一致，本算例目标函数为三个方向等效弹性模量均值即 $(E_1^{eff}+E_2^{eff}+E_3^{eff})/3$ 最大化，不同初始结构下的拓扑优化结果如图 5.5 所示。

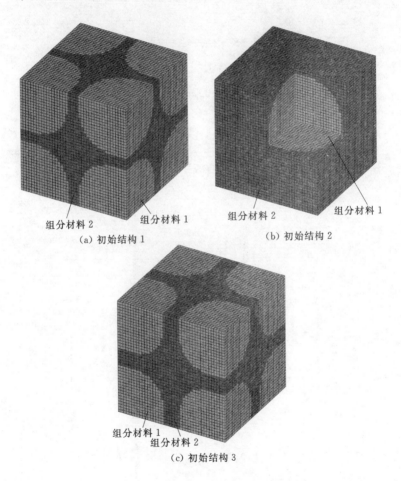

组分材料2　　　　组分材料1
（a）初始结构1

组分材料2　　　　组分材料1
（b）初始结构2

组分材料1
组分材料2
（c）初始结构3

图 5.5　不同初始结构下的拓扑优化结果

由图 5.5 可知，采用不同初始结构得到的拓扑优化结果有所不同，初始结构1和3下的拓扑优化结果相似。

为了获取等效弹性模量均值最大值，对组分材料 1 设置不同的体积比，并对关键区域细化，优化求解得到如图 5.6 所示的拓扑优化结果，其具体数值归纳到表 5.2 中。

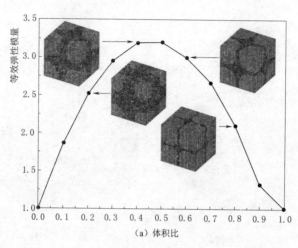

（a）体积比

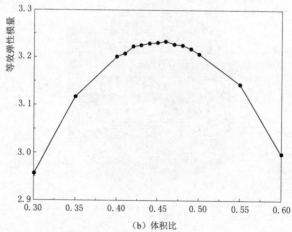

（b）体积比

图 5.6　等效弹性模量随体积比变化结果

【算例 3】　以均值（$E_1^{effec} + E_2^{effec} + E_3^{effec}$）/3 最大化为目标，组分材料 1 体积比设置为 45%。两种材料弹性模量均为 1，材料

表 5.2　　　　　　　　等效弹性模量随体积比变化结果

| 材料 1 体积比 $V_f^1/\%$ | 等效弹性模量 $E_1^{eff}=E_2^{eff}=E_3^{eff}$ | 材料 1 体积比 $V_f^1/\%$ | 等效弹性模量 $E_1^{eff}=E_2^{eff}=E_3^{eff}$ |
|---|---|---|---|
| 0 | 1.0000 | 46 | 3.2338 |
| 10 | 1.8615 | 47 | 3.2272 |
| 20 | 2.5220 | 48 | 3.2248 |
| 25 | 3.0180 | 49 | 3.2180 |
| 30 | 2.9565 | 50 | 3.2071 |
| 35 | 3.1177 | 55 | 3.1436 |
| 40 | 3.2015 | 60 | 2.9969 |
| 41 | 3.2076 | 70 | 2.6720 |
| 42 | 3.2226 | 80 | 2.1041 |
| 43 | 3.2252 | 90 | 1.3223 |
| 44 | 3.2296 | 100 | 1.0000 |
| 45 | 3.2303 | | |

1 泊松比固定为 0.1,组分材料 2 泊松比变化范围为 −0.99 到 0.49。本算例用于考察不同泊松比数值对拓扑优化结果的影响。等效弹性模量随泊松比变化如图 5.7 所示,对应结果见表 5.3。

表 5.3　　　　　复合材料等效弹性模量随组分材料 2
泊松比变化结果

| 材料 2 泊松比 | 等效弹性模量 | 材料 2 泊松比 | 等效弹性模量 |
|---|---|---|---|
| −0.99 | 2.1387 | −0.65 | 1.2433 |
| −0.95 | 1.8824 | −0.60 | 1.2018 |
| −0.90 | 1.6758 | −0.55 | 1.1669 |
| −0.85 | 1.5356 | −0.50 | 1.1372 |
| −0.80 | 1.4334 | −0.45 | 1.1119 |
| −0.75 | 1.3554 | −0.40 | 1.0902 |
| −0.70 | 1.2936 | −0.35 | 1.0716 |

| 材料2泊松比 | 等效弹性模量 | 材料2泊松比 | 等效弹性模量 |
|---|---|---|---|
| −0.30 | 1.0557 | 0.15 | 1.0009 |
| −0.25 | 1.0421 | 0.20 | 1.0035 |
| −0.20 | 1.0306 | 0.25 | 1.0081 |
| −0.15 | 1.0211 | 0.30 | 1.0148 |
| −0.10 | 1.0135 | 0.35 | 1.0238 |
| −0.05 | 1.0076 | 0.40 | 1.0354 |
| 0.00 | 1.0034 | 0.45 | 1.0502 |
| 0.05 | 1.0009 | 0.49 | 1.0663 |
| 0.10 | 1.0000 | | |

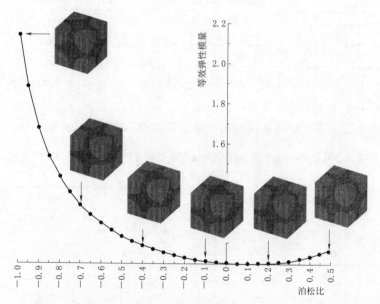

图5.7 复合材料等效弹性模量随着组分材料2泊松比变化结果

由图5.7可知，复合材料等效弹性模量数值随着组分材料2的不同变化。当两种组分材料的泊松比相同时，曲线对应的等效弹性模量取值最小，在曲线两端，代表组分材料的泊松比差异最大，曲线两端分别得到了等效弹性模量的极大值，这也证明了泊松比差异大能增强复合材料刚度性能。

【算例4】 材料1弹性模量和泊松比分别为1和0.4，材料2的泊松比为－0.9，本算例用于考察材料2弹性模量对复合材料性能的影响，材料2弹性模量变化范围设置为3～9，同时材料2的体积比变化范围为0～100%。则不同情况下的拓扑优化结果如图5.8所示，对应优化结果见表5.4。

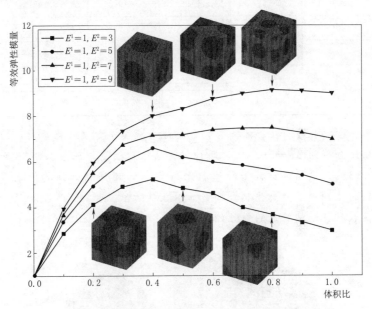

图5.8 复合材料等效弹性模量随材料2弹性模量变化结果

表 5.4　　　　等效弹性模量随材料2弹性模量变化结果

| 体积比 /% | 等 效 弹 性 模 量 | | | |
|---|---|---|---|---|
| | $E_2=3$ | $E_2=5$ | $E_2=7$ | $E_2=9$ |
| 0 | 1.0000 | 1.0000 | 1.0000 | 1.0000 |
| 10 | 2.8491 | 3.3733 | 3.6694 | 3.9316 |

| 体积比 /% | 等效弹性模量 | | | |
|---|---|---|---|---|
| | $E_2=3$ | $E_2=5$ | $E_2=7$ | $E_2=9$ |
| 20 | 4.1142 | 4.9468 | 5.5054 | 5.9512 |
| 30 | 4.8953 | 5.9840 | 6.7437 | 7.3512 |
| 40 | 5.2305 | 6.5972 | 7.1703 | 8.0058 |
| 50 | 4.8321 | 6.1888 | 7.1937 | 8.3244 |
| 60 | 4.5978 | 5.9896 | 7.4085 | 8.7457 |
| 70 | 3.9785 | 5.8382 | 7.4728 | 8.9983 |
| 80 | 3.6726 | 5.5944 | 7.4754 | 9.1329 |
| 90 | 3.3321 | 5.3863 | 7.2782 | 9.1066 |
| 100 | 3.0000 | 5.0000 | 7.0000 | 9.0000 |

【算例5】 组分材料 1 和 2 的弹性模量分别为 2.5 和 1，泊松比分别为 0 和 -0.5，则两种材料的体积模量分别为 0.8333 和 0.1190。设组分材料 1 的体积比为 60%，不同初始结构优化得到的体积模量最大化拓扑构型如图 5.9 所示。两种不同初始结构获取拓扑结构对应的弹性矩阵见式 (5.20)。

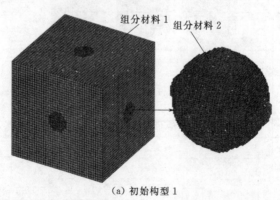

(a) 初始构型 1

图 5.9（一） 不同初始结构优化得到的体积模量最大化拓扑结果

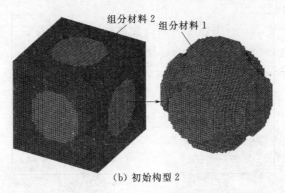

組分材料 2　組分材料 1

(b) 初始构型 2

图 5.9（二）　不同初始结构优化得到的体积模量最大化拓扑结果

$$
\begin{bmatrix}
2.0402 & -0.2478 & -0.2478 & 0 & 0 & 0 \\
-0.2478 & 2.0402 & -0.2478 & 0 & 0 & 0 \\
-0.2478 & -0.2478 & 2.0402 & 0 & 0 & 0 \\
0 & 0 & 0 & 1.1415 & 0 & 0 \\
0 & 0 & 0 & 0 & 1.1415 & 0 \\
0 & 0 & 0 & 0 & 0 & 1.1415
\end{bmatrix}
$$
(5.20a)

$$
\begin{bmatrix}
2.0376 & -0.2496 & -0.2496 & 0 & 0 & 0 \\
-0.2496 & 2.0376 & -0.2496 & 0 & 0 & 0 \\
-0.2496 & -0.2496 & 2.0376 & 0 & 0 & 0 \\
0 & 0 & 0 & 1.1413 & 0 & 0 \\
0 & 0 & 0 & 0 & 1.1413 & 0 \\
0 & 0 & 0 & 0 & 0 & 1.1413
\end{bmatrix}
$$
(5.20b)

　　由结果可知，拓扑优化结果依赖于初始结构，两种不同优化结构的最大体积模量分别为 0.5148 和 0.5128，均接近 HSW 上限值 $K^U = 0.5159$。由图 5.9 可知，两种材料界面接近为 Schwartz P 最小表面曲面。值得注意的是，优化结构对应的剪切模量分别为 1.1410 和 1.1407，均略小于 HSW 上限值

$G^U = 1.1432$。

为了更好地理解组分材料对最优拓扑构型的影响，假设最优结构仅包含组分材料 1，初始结构 1 和 2 对应的拓扑优化构型如图 5.10 所示，为了清楚表达，仅 1/2 结构在图 5.10（a）中显示。

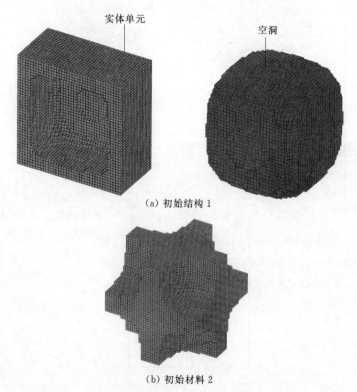

实体单元

空洞

（a）初始结构 1

（b）初始材料 2

图 5.10　不同初始结构下的体积模量最大化优化结构

由图 5.10 可知，初始结构 1 对应的最优拓扑结构是一个中空的立方体，局部位置有倒角或圆角的效果；初始结构 2 对应的最优拓扑结构，相当于是立方体的八个角被切除。该结果与已有文献结果相似。由图 5.9 和图 5.10 对比可知，组分材料属性对体积模量最大化的拓扑结构影响较大。

【算例6】 该算例用于考察组分材料泊松比对最大体积模量的影响。组分材料2泊松比变化范围为一0.99到0.49，设置组分材料1的体积比为50%，其他参数同算例5。则不同泊松比体积模量最大化结构如图5.11所示，对应的结果罗列于表5.5。

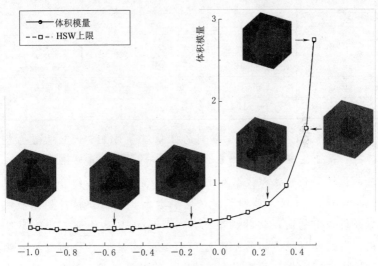

图5.11 不同泊松比下的体积模量最大化结果

表 5.5　　　　　　　　　不同泊松比下的体积模量最大化结果

| 泊松比（$\nu_2$） | 体积模量 | 体积模量 HSW 上限 | 相对误差 |
|---|---|---|---|
| −0.99 | 0.4674 | 0.4707 | 0.698% |
| −0.95 | 0.4566 | 0.4648 | 1.764% |
| −0.85 | 0.4415 | 0.4528 | 2.489% |
| −0.75 | 0.4369 | 0.4444 | 1.692% |
| −0.65 | 0.4373 | 0.4396 | 0.528% |
| −0.55 | 0.4424 | 0.4434 | 0.233% |
| −0.45 | 0.4505 | 0.4545 | 0.888% |
| −0.35 | 0.4624 | 0.4682 | 1.235% |
| −0.25 | 0.4783 | 0.4852 | 1.426% |

| 泊松比（$\nu_2$） | 体积模量 | 体积模量 HSW 上限 | 相对误差 |
|---|---|---|---|
| −0.15 | 0.5007 | 0.5072 | 1.298% |
| −0.05 | 0.5306 | 0.5367 | 1.145% |
| 0.05 | 0.5732 | 0.5782 | 0.876% |
| 0.15 | 0.6374 | 0.6410 | 0.565% |
| 0.25 | 0.7452 | 0.7471 | 0.254% |
| 0.35 | 0.9639 | 0.9649 | 0.238% |
| 0.45 | 1.6654 | 1.6667 | 0.258% |
| 0.49 | 2.7430 | 2.7333 | 0.355% |

由图 5.11 可知，优化得到的体积模量与 HSW 上限值吻合较好。该曲线并非单调增加，当组分材料 2 的泊松比为 −0.75 时，获取得到的体积模量和 HSW 上限值最小；当组分材料 2 的泊松比为 0.45 时，体积模量值急剧增大，且组合材料 2 完全被组分材料 1 包围，拓扑构型也由 Schwartz P 结构演化为球形结构。当组合材料 2 的泊松比为 0.49 时，对应的拓扑构型与其他泊松比值下的拓扑构型完全不同。上述结果说明，组分材料的泊松比对拓扑优化结果有着显著的影响。

【算例 7】 本算例用于考察组分材料体积比对体积模量最大化结果的影响。组分材料 1 和 2 的弹性模量分别为 2.5 和 1.0 泊松比分别为 0 和 −0.5。变换组分材料 1 的体积比以获得体积模量最大化结果，则不同体积比下的体积模量最大化如图 5.12 所示，对应的结果见表 5.6。

表 5.6　组分材料 1 不同体积比下的体积模量最大化结果

| 体积比 | 体积模量 | 体积模量 HSW 上限 | 相对误差 |
|---|---|---|---|
| 15% | 0.2396 | 0.2431 | 1.440% |
| 25% | 0.2944 | 0.2976 | 1.071% |
| 35% | 0.3519 | 0.3554 | 0.971% |

续表

| 体积比 | 体积模量 | 体积模量 HSW 上限 | 相对误差 |
|---|---|---|---|
| 45% | 0.4136 | 0.4167 | 0.733% |
| 55% | 0.4795 | 0.4818 | 0.466% |
| 65% | 0.5509 | 0.5511 | 0.030% |
| 75% | 0.6249 | 0.6250 | 0.017% |
| 85% | 0.7039 | 0.7040 | 0.013% |

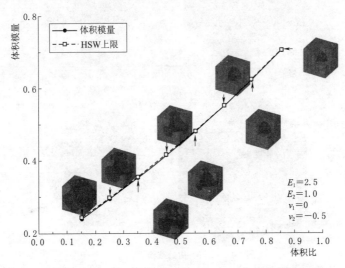

图 5.12 组分材料 1 不同体积比下的体积模量最大化结果

由图 5.12 可知，当组分材料 1 的体积比较小时，组分材料主要占据单胞结构的八个角点位置。当体积比增加时，组分材料 2 占据的空间构型由 Schwartz P 转变为球形结构；当体积比增加至 65% 时，组分材料 2 完全被组分材料 1 包围。在上述所有情况中，拓扑优化结构对应的体积模量值均略小于 HSW 上限值。

**【算例 8】** 组分材料 1 和 2 的弹性模量分别为 5.5 和 1，泊松比分别为 0 和 -0.5，两种材料的剪切模量分别为 2.75 和 1。设组分材料 1 的体积比为 60%，复合材料剪切模量的 HSW 上限值为 1.8710。以复合材料剪切模量最大化为目标，两种不同初始结构下的拓扑优化结果如图 5.13 所示，对应的弹性矩阵见式（5.21）。

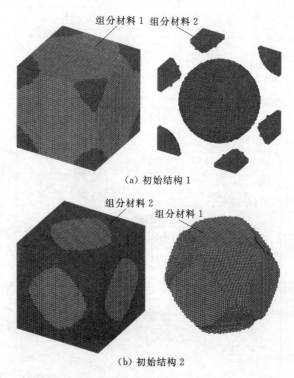

（a）初始结构1

（b）初始结构2

图 5.13　不同初始结构下剪切模量最大化拓扑优化结果

$$\begin{bmatrix} 3.5255 & -0.2383 & -0.2383 & 0 & 0 & 0 \\ -0.2383 & 3.5255 & -0.2383 & 0 & 0 & 0 \\ -0.2383 & -0.2383 & 3.5255 & 0 & 0 & 0 \\ 0 & 0 & 0 & 1.8561 & 0 & 0 \\ 0 & 0 & 0 & 0 & 1.8561 & 0 \\ 0 & 0 & 0 & 0 & 0 & 1.8561 \end{bmatrix}$$

(5.21a)

$$
\begin{bmatrix}
3.4468 & -0.2308 & -0.2308 & 0 & 0 & 0 \\
-0.2308 & 3.4468 & -0.2308 & 0 & 0 & 0 \\
-0.2308 & -0.2308 & 3.4468 & 0 & 0 & 0 \\
0 & 0 & 0 & 1.8554 & 0 & 0 \\
0 & 0 & 0 & 0 & 1.8554 & 0 \\
0 & 0 & 0 & 0 & 0 & 1.8554
\end{bmatrix}
$$

$$(5.21b)$$

由结果可知，两种不同复合材料对应的剪切模量分别为 1.8668 和 1.8677。同体积模量最大化结果类似，不同初始结构对应的拓扑优化结果有所不同，剪切模量值略小于对应的 HSW 上限值。

**【算例 9】** 本算例用于考察组分材料弹性模量对剪切模量最大化优化结果的影响。设组分材料 1 的弹性模量变化范围为 3.0 至 11.0，其他参数同算例 7。不同弹性模量数值下的拓扑优化结果如图 5.14 所示，对应的数值见表 5.7。

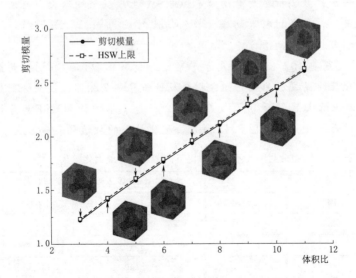

图 5.14　组分材料 1 不同弹性模量下的剪切模量最大化结果

表 5.7　组分材料 1 不同弹性模量下的剪切模量最大化结果

| 弹性模量 | 剪切模量 | 剪切模量 HSW 上限 | 相对误差 |
| --- | --- | --- | --- |
| 3.0 | 1.2189 | 1.2256 | 0.544% |
| 4.0 | 1.4094 | 1.4231 | 0.958 % |
| 5.0 | 1.5932 | 1.6071 | 0.866% |
| 6.0 | 1.7695 | 1.7838 | 0.803% |
| 7.0 | 1.9416 | 1.9559 | 0.731% |
| 8.0 | 2.1089 | 2.1250 | 0.757% |
| 9.0 | 2.2800 | 2.2921 | 0.524% |
| 10.0 | 2.4426 | 2.4576 | 0.610% |
| 11.0 | 2.6048 | 2.6221 | 0.660% |

由图 5.14 可知，当组分材料 1 的弹性模量数值增加时，对应的拓扑优化微结构有所不同。当组分材料 1 的弹性模量数值为 3.0 时，组分材料 1 的构型表面为 Schwartz P。随着组分材料 1 弹性模量数值的增加，复合材料的剪切模量和 HSW 上限数值均增大。在所有情况下，复合材料剪切模量数值均比对应的 HSW 上限值略低，说明剪切模量的 HSW 上限具有可实现性。

【算例 10】　本算例用于考察组分材料体积比对剪切模量最大化优化结果的影响。组分材料属性与算例 7 相同。设组分材料 1 体积比从 15% 至 85% 变化。组分材料 1 不同体积比下的剪切模量最大化结果如图 5.15 所示，优化结果的数值见表 5.8。

表 5.8　组分材料 1 不同体积比下的剪切模量最大化结果

| 体积比 | 剪切模量 | 剪切模量 HSW 上限 | 相对误差 |
| --- | --- | --- | --- |
| 15% | 1.1461 | 1.1827 | 3.095% |
| 25% | 1.2824 | 1.3158 | 2.540% |
| 35% | 1.4338 | 1.4592 | 1.739% |
| 45% | 1.5975 | 1.6140 | 1.020% |
| 55% | 1.7726 | 1.7818 | 0.514% |

| 体积比 | 剪切模量 | 剪切模量 HSW 上限 | 相对误差 |
|---|---|---|---|
| 65% | 1.9629 | 1.9641 | 0.065% |
| 75% | 2.1628 | 2.1631 | 0.014% |
| 85% | 2.3683 | 2.3811 | 0.538% |

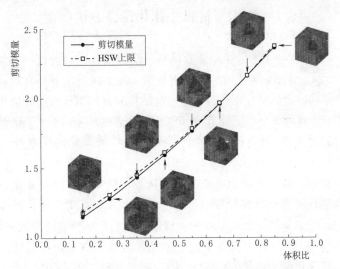

图 5.15　组分材料 1 不同体积比下的剪切模量最大化结果

由表 5.8 可知，在所有情况下，优化得到的剪切模量结果与 HSW 上限值差异最大比为 3.095%，这说明采用提出的方法，可以获取接近理论上限值对应的拓扑构型。

## 5.6　本章小结

针对不同泊松比组分材料混合形成的复合材料极限性能结构设计问题，提出了弹性模量和泊松比插值及对应的拓扑优化列式，推导了材料性能指标的敏度表达式，通过拓扑优化求解得到了两种不同组分材料的布局优化结果。

# 第6章 结构与材料的一体化设计方法

## 6.1 结构与材料一体化设计方法概述

在自然界中存在着大量的材料与结构相互耦合的情形，如图 6.1 所示，骨质结构从纳米到毫米量级，在不同层级下具有各自不同的结构并有机结合在一起。在宏观结构和材料微结构拓扑优化设计平行发展背景下，研究者逐步意识到两者的联系，提出系统性能最优的宏微观一体化优化方法，又称为同步（concurrent）优化、层级（hierarchy）优化等。

根据一体化采用的有限元模型区别，结构与材料一体化设计分为全尺度模型和多尺度（multi-scale）模型两类。在多尺度模型中，通常采用子结构或均匀化理论实现宏观和微观结构的连接。Rodrigues 等[139]首先提出了逐个单元对应不同微结构形式的多层级拓扑优化模型，并由 Coelho 等[140]拓展得到三维模型中。为了实现一体化结构的可制造性，同时减少一体化设计中均匀化过程的计算量。Zhang 和 Sun[141]采用逐层子结构方式实现了宏微观一体化设计。Liu 等[142]提出微结构处处相同的一体化设计模型，该方法也拓展到动态拓扑优化问题、热固耦合拓扑优化问题中[143-144]。源于计算能力的提高和增材制造技术的发展，近年来此类多尺度优化方法得到了研究者的关注[145-147]。从加工制作性出发，采用均匀化理论连接宏微观结构时，需要考虑微结构之间的连接性。Radman 等[148]提出了全局过滤策略以实现临近微结构的连接性。Wang 等[149]发展了形状变形技术梯度微结构。Wu 等[150]提出了缩减惩罚子结构方式，通过预先选定子结构方式，克服了传统均匀化方法的尺度效应和不连接性问题。Luo 等[151]提出了子连

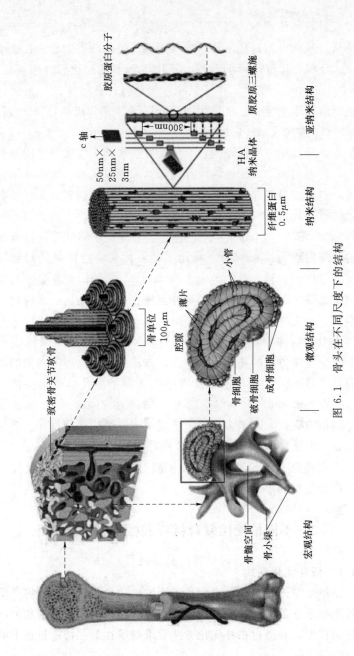

胶原蛋白分子

原胶原三螺旋

c 轴

50nm×
25nm×
3nm

300nm

HA
纳米晶体

纤维蛋白
0.5μm

小管

薄片

腔隙

骨细胞
破骨细胞
成骨细胞

骨单位
100μm

致密骨关节软骨

骨髓空间

骨小梁

亚纳米结构          纳米结构          微观结构          宏观结构

图 6.1　骨头在不同尺度下的结构

接方式材料插值模型。Li 等[152]采用腐蚀—膨胀方法生成了系列微结构，从而自然避免了非连接性问题。另外一类生成连接微结构方式且在宏观布置上可以处处不同的方法即均匀化后处理（de-homogenization）方式，由于其概念简单且计算效率高，方法已经成功应用于二维和三维结构中[153-156]。有关多尺度拓扑优化设计的综述可以参考文献［156］。

与多尺度模型有所不同，全尺度方法忽略了宏微观之间的差异性，并通过施加周期性约束和局部孔隙率方式来实现多孔结构设计，方法本身能保障多孔结构的可连接性，但通常以大规模有限元计算为代价。骨质结构设计最先源于拓扑优化中最大尺寸约束的施加[158-163]。Clausen 等[164]通过实验验证了多孔结构具有优越的抗屈曲能力。Wu 等[165]提出了某一体素临近区域的局部体积比约束列式，且大量的约束方程通过 $p$ - norm 函数凝聚为单一约束函数。目前该方法已经延伸至外壳内填充结构、多材料填充结构、自支撑结构[166-169]中。Dou[170]通过图形变换方式提出隐式约束以控制体积比。Long 等[171]基于增广拉格朗日求解实现了非凝聚约束方式的拓扑优化列式，方法能确保约束上限值的精确满足。Hu 等[172]通过模拟纹理结构实现了多孔结构拓扑优化设计。在 Schimidt[173]工作基础上，Zhao 和 Zhang[174]提出两类局部约束方式，实现了多材料、多层级多孔结构优化设计。多孔结构设计方法在水平集法、MMC 法等均有所体现[175-179]。

本章将分别以 SIMP 方法和 ICM 方法为例，提出多尺度一体化设计模型和求解方法[180-181]。

## 6.2　不同泊松比复合材料宏微观一体化设计

### 6.2.1　拓扑优化列式

由第 5 章内容可知，当两种不同泊松比材料混合时，将产生等效刚度增强的泊松效应。基于该现象，提出了弹性模量和泊松比插值模型，并通过拓扑优化方法寻求到了在某一特定目标下的多组分材料布局优化。在实际工程问题中，由于结构和边界条件的复杂性，最优材料微结构布置在宏观结构中未必能取得最优的系统性能，本节将在前面章节的基础上，设置两类拓扑优化变量，基于系统目标性能，实现宏微观结构一体化设计。

如图 6.2 所示的宏观拓扑优化结构，其中黑色和白色单元分别代表单元的有无，而每个单元在微观由周期性排列的两相材料复合而成，其实黑色和黄色分别代表两种不同的材料。采用单元 $P_i$ 和 $r_j$ 分别代表宏观第 $i$ 个单元和微观第 $j$ 个单元密度，以系统第 $k$ 阶特征值最大化为目标，在宏观和微观上设置双体积比约束，其数学表达式为

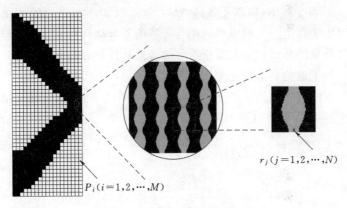

图 6.2　宏微观一体化模型示意

$$\begin{cases} \text{Find:} \boldsymbol{X} = \{P_i, r_j\}, (i = 1, 2, \cdots, M; j = 1, 2, \cdots, N) \\ \text{Maximize:} \lambda_k \\ \text{Constraint I:} \boldsymbol{K}\boldsymbol{u}_k = \lambda_k \boldsymbol{M}\boldsymbol{u}_k \\ \text{Constraint II:} \sum_{i=1}^{M} P_i V_i / V^{\text{mac}} \leqslant f^{\text{mac}} \\ \text{Constraint III:} \sum_{j=1}^{N} r_j V_j / V^{\text{mic}} \leqslant f^{\text{mic}} \\ \text{Constraint IV:} P_{\min} \leqslant P_i \leqslant 1, r_{\min} \leqslant r_j \leqslant 1 \end{cases} \tag{6.1}$$

式中　$\lambda_k$——第 $k$ 阶系统特征值；

　　　$u_k$——第 $k$ 阶系统特征向量；

　$V_i$、$V_j$——单元密度值为 1 时，第 $i$ 个宏观单元和第 $j$ 个微观
　　　　　　单元的固有体积；

　$V^{\text{mac}}$——所有宏观结构密度值为 1 时的体积；

　$V^{\text{mic}}$——所有微观结构密度值为 1 时的体积；

　$f^{\text{mac}}$——宏观结构体积比；

　$f^{\min}$——微观结构体积比；

　$P_{\min}$——宏观密度下限值；

　$r_{\min}$——微观密度下限值。

总刚度阵 $\boldsymbol{K}$ 和总质量阵 $\boldsymbol{M}$ 由单元刚度阵和质量阵组集而
成。由于每个单元假设由周期性布置的复合材料构成，单元刚度
阵和质量阵基于均匀化理论得到的等效弹性和等效密度值计算得
到。为了避免频率优化中的局部模态现象，采用修正的 SIMP 方
法实现刚度阵插值。综上所述，上标 $MA$ 代表宏观属性，则总
刚度阵 $\boldsymbol{K}$ 和总质量阵 $\boldsymbol{M}$ 数学表达式为

$$\boldsymbol{K} = \sum_{i=1}^{M} \boldsymbol{K}_i = \sum_{i=1}^{M} \int_{V_i} \boldsymbol{B}^{\mathrm{T}} \boldsymbol{D}_i^{MA} \boldsymbol{B} \, \mathrm{d}V_i$$
$$= \sum_{i=1}^{M} \int_{V_i} \boldsymbol{B}^{\mathrm{T}} \left\{ \left[ \frac{P_{\min} - P_{\min}^{p}}{1 - P_{\min}^{p}} (1 - P_i^{p}) + P_i^{p} \right] \boldsymbol{D}^{\mathrm{H}} \right\} \boldsymbol{B} \, \mathrm{d}V_i$$

$$(6.2)$$

$$\boldsymbol{M} = \sum_{i=1}^{M} \boldsymbol{M}_i = \sum_{i=1}^{M} \int_{V_i} \boldsymbol{N}^{\mathrm{T}} \rho_i^{MA} \boldsymbol{N} \, \mathrm{d}V_i = \sum_{i=1}^{M} \int_{V_i} \boldsymbol{N}^{\mathrm{T}} (P_i \rho^{\mathrm{H}}) \boldsymbol{N} \, \mathrm{d}V_i$$

$$(6.3)$$

式中　$\boldsymbol{D}^{\mathrm{H}}$——均匀化等效弹性矩阵；

　　　$\boldsymbol{B}$——宏观结构应变矩阵；

　　　$\boldsymbol{N}$——插值矩阵；

　　　$\rho^{\mathrm{H}}$——均匀化等效密度。

上标 $MA$ 代表微观属性，基于均匀化理论可得到等效弹性
矩阵为

$$D^{H} = \frac{1}{\mid Y \mid} \int_{Y} D(I - bu) \mathrm{d}Y = \frac{1}{\mid Y \mid} \sum_{j=1}^{N} \int_{Y_j} D_j^{MI}(I - bu) \mathrm{d}Y_j$$

$$(6.4)$$

式中  $Y$——微观结构覆盖的区域；

$b$——微观结构应变矩阵。

$D^{H}$ 对微观设计变量 $r_j$ 敏度表达为

$$\frac{\partial D^{H}}{\partial r_j} = \frac{1}{\mid Y \mid} \sum_{j=1}^{N} \int_{Y_j} (I - bu)^{\mathrm{T}} \frac{\partial D_j^{MI}}{\partial r_j} (I - bu) \mathrm{d}Y_j \quad (6.5)$$

同理可得，复合材料等效密度 $\rho^{H}$ 及其对微观变量 $r_j$ 敏度表达式分别为

$$\rho^{H} = \frac{\sum_{j=1}^{N} V_j [r_j \rho_1 + (1 - r_j) \rho_2]}{V_i} \quad (6.6)$$

$$\frac{\partial \rho^{H}}{\partial r_j} = \frac{V_j (\rho_1 - \rho_2)}{V_i} \quad (6.7)$$

式中  $\rho_1, \rho_2$——组分材料 1 和 2 的物理密度值。

目标函数 $\lambda_k$ 对宏观和微观变量敏度表达式为

$$\frac{\partial \lambda_k}{\partial P_i} = u_k^{\mathrm{T}} \frac{\partial K}{\partial P_i} u_k - \lambda_k u_k^{\mathrm{T}} \frac{\partial M}{\partial P_i} u_k, \qquad \frac{\partial \lambda_k}{\partial r_j} = u_k^{\mathrm{T}} \frac{\partial K}{\partial r_j} u_k - \lambda_k u_k^{\mathrm{T}} \frac{\partial M}{\partial r_j} u_k$$

$$(6.8)$$

式中刚度阵 $K$ 和质量阵 $M$ 对宏微观设计变量敏度表达式为

$$\frac{\partial K}{\partial P_i} = \int_{V_i} p \left(1 - \frac{P_{\min} - P_{\min}^p}{1 - P_{\min}^p}\right) P_i^{p-1} B^{\mathrm{T}} D^{H} B \mathrm{d}V_i,$$

$$\frac{\partial M}{\partial P_i} = \int_{V_i} N^{\mathrm{T}} \rho^{H} N \mathrm{d}V_i \quad (6.9)$$

$$\frac{\partial K}{\partial r_j} = \sum_{i=1}^{M} P_i^p \int_{V_i} B^{\mathrm{T}} \frac{\partial D^{H}}{\partial r_j} B \mathrm{d}V_i, \quad \frac{\partial M}{\partial r_j} = \sum_{i=1}^{M} P_i \int_{V_i} N^{\mathrm{T}} \frac{\partial \rho^{H}}{\partial r_j} N \mathrm{d}V_i$$

$$(6.10)$$

由式（6.9）和式（6.10）代入式（6.8），即可求得目标函数对宏观变量和微观变量的敏度数值。在获取敏度值的前提下，优化列式（6.1）采用 OC 或者 MMA 求解。值得注意的是，尽管

式（6.1）包含两个独立的约束方程，但由于仅对宏观或微观变量的更新，故而仍可以采用 OC 算法求解。

## 6.2.2 数值算例

本节将采用数值算例来说明提出方法的可行性和有效性。对于二维结构，采用平面应力四节点单元离散，单元长度为 0.01m。当宏观结构填充满组分材料 1 后，对应的参考质量为 $m_0$。材料微结构的密度布置如图 6.3 所示，在中心处的密度值为 0，单元密度值与单元中心距离中心位置的距离成反比。

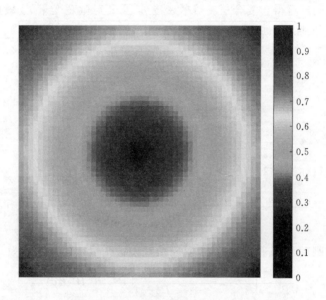

图 6.3 初始微结构密度分布

【算例1】 如图 6.4 所示的平面结构，结构尺寸为 $1.6\text{m} \times 1.0\text{m}$，厚度为 0.01m。左端面全约束，右下角点有一质量为 $m_0/4$ 的集中质量点。微观结构由两种各向同性的组分材料组成，弹性模量和密度相同，数值均为 2GPa 和 $650\text{kg/m}^3$，两种组分材料具有不同的泊松比分别为 0.4 和 $-0.4$。以一阶频率最大化为目标，宏观体积比设置 40%。为了考察微观体积比对优

126

化结果的影响，设置组分材料 1 的微观体积比在 0 至 100％之间变化，则组分材料 1 不同微观体积比下的拓扑优化结果如图 6.5 所示，图 6.5 中从左至右分别插入微观体积比为 0、20％、40％、60％、80％和 100％对应的拓扑优化构型。根据微观结构可以计算得到 $x$ 方向和 $y$ 方向等效弹性模量数值，组分材料 1 下各种体积比对应的拓扑优化结果见表 6.1。

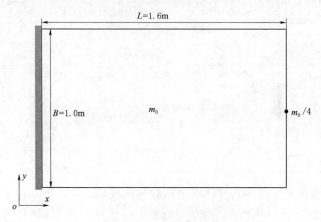

图 6.4　平面结构示意

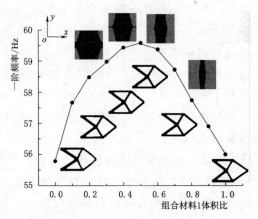

图 6.5　组分材料 1 不同微观体积比下的拓扑优化结果

**表 6.1　　　组分材料 1 不同体积比下的拓扑优化结果**

| 体积比 | 一阶频率 /Hz | 等效弹性模量 $E_x^{eff}/E_y^{eff}$ /GPa | 等效密度 /(kg/m³) |
|---|---|---|---|
| 0 | 55.7853 | 2.3810/2.3810 | 650.0 |
| 0.1 | 57.6721 | 2.5477/2.4368 | 650.0 |
| 0.2 | 58.4888 | 2.7158/2.4523 | 650.0 |
| 0.3 | 58.9847 | 2.8216/2.4834 | 650.0 |
| 0.4 | 59.4385 | 2.9710/2.4288 | 650.0 |
| 0.5 | 59.5843 | 3.0467/2.3934 | 650.0 |
| 0.6 | 59.3729 | 3.0241/2.3879 | 650.0 |
| 0.7 | 58.7246 | 2.9238/2.3886 | 650.0 |
| 0.8 | 57.7435 | 2.7738/2.3856 | 650.0 |
| 0.9 | 56.9022 | 2.5865/2.3843 | 650.0 |
| 1.0 | 56.0006 | 2.3810/2.3810 | 650.0 |

　　由图 6.5 可知,即使在不施加强迫对称的情况下,优化微结构关于 $x$ 和 $y$ 轴对称。当组分材料 1 的体积比为 0% 和 100% 时,宏微观双尺度优化问题降级为单尺度宏观优化问题。在组分材料 1 其他体积比下,优化得到的一阶频率值均大于单尺度优化结果。大约在 50% 体积比附近,一阶频率曲线达到顶峰。这些结果证明了双尺度优化结果要优于组分材料单一情况下的优化结果。在所有的情况下,宏观结构具有相似的拓扑构型,这说明组分材料及对应的体积比对最优结果有一定的影响,获得的最优微结构形式并非圆形内嵌或者其他文献报道的形式,这说明采用一体化设计获得最优微结构形式具有必要性。

　　【算例 2】　如图 6.6 所示的平面结构,结构尺寸为 1.2m×0.6m,厚度为 0.01m。左端面全支撑,右下角点有一质量大小为 $m_0/4$ 的集中质量。两种组分材料均为各向同性材料,弹性模量分别为 2.1GPa 和 1.6GPa,泊松比分别为 0.3 和 −0.4,密度分别为 650kg/m³ 和 550kg/m³。以一阶频率最大化为目标,宏观体积比设置 40%，组分材料 1 不同体积比下的拓扑优化结果如图 6.7 所示，图 6.7 中从左至右分别插入微观体积比为 0%，20%，40%，60%，80% 和 100% 对应的拓扑优化构型组分材料 1 不同体积比下的拓扑优化结果见表 6.2。

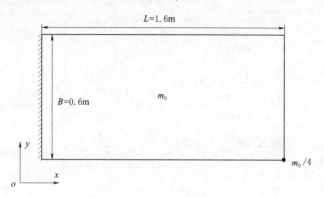

图 6.6　平面结构示意

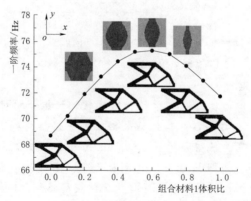

图 6.7　组分材料 1 不同体积比下的拓扑优化结果

表 6.2　　组分材料 1 不同体积比下的拓扑优化结果

| 体积比 | 一阶频率 /Hz | 等效弹性模量/GPa $(E_x^{eff}/E_y^{eff})$ | 等效密度 /(kg/m³) |
|---|---|---|---|
| 0 | 68.6912 | 2.1333/2.1333 | 550 |

| 体积比 | 一阶频率<br>/Hz | 等效弹性模量/GPa<br>($E_x^{eff}/E_y^{eff}$) | 等效密度<br>/(kg/m³) |
|---|---|---|---|
| 0.1 | 70.1800 | 2.3222/2.2437 | 560 |
| 0.2 | 71.9297 | 2.4947/2.3273 | 570 |
| 0.3 | 73.2615 | 2.6447/2.3877 | 580 |
| 0.4 | 74.4585 | 2.8029/2.3596 | 590 |
| 0.5 | 75.1937 | 2.9105/2.3708 | 600 |
| 0.6 | 75.3053 | 2.9351/2.3970 | 610 |
| 0.7 | 75.0293 | 2.9103/2.4167 | 620 |
| 0.8 | 74.1030 | 2.8061/2.4476 | 630 |
| 0.9 | 72.9878 | 2.6630/2.4762 | 640 |
| 1.0 | 71.7738 | 2.5000/2.5000 | 650 |

以微结构体积比 40% 为例，则优化后微结构对应的弹性矩阵为

$$\begin{bmatrix} 2.8232 & 0.2196 & 0 \\ 0.2196 & 2.3766 & 0.0005 \\ 0 & 0.0005 & 1.1142 \end{bmatrix} \text{GPa} \qquad (6.11)$$

由式（6.11）可以推断，优化得到的复合材料接近为各向正交异性材料。

在本例中，负泊松比材料相对较软，但组分材料 1 在 20% 至 90% 体积比之间，一体化结果仍比单一组分材料 1 或 2 的一阶频率值较高；当组分材料 1 体积比约 60% 处时，一阶频率曲线及 $x$ 向等效弹性模量 $E_x^{eff}$ 达到极大值。上述结果表明，即使组分中负泊松比材料较软，一体化优化获得的优化结构仍能获取较大的结构动态刚度。

【算例 3】 如图 6.8 所示的 L 形结构。顶部端面全支撑，右上角点有一质量大小为 $m_0/3$ 的集中质量。两种组分材料均为各向同性材料，弹性模量分别为 2.1GPa 和 1.6GPa，密度分别为 650kg/m³ 和 550kg/m³；组分材料 1 的泊松比为 0.3，组分材料 2 的泊松比在 -0.2 到 -0.6 之间变化。以一阶频率最大化为目

标，宏观设置 30% 体积比，组分材料 1 不同体积比以及组分材料 2 不同泊松比下的拓扑优化结果如图 6.9 所示。当组分材料 2 泊松比为 -0.2 和 -0.6 时，图 6.9 中插入了微观体积比为 10%，40% 和 70% 的拓扑优化构型，所有情况下的拓扑优化结果见表 6.3。

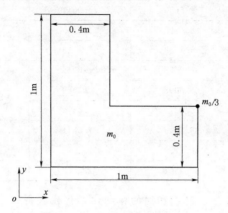

图 6.8  L 形平面结构示意

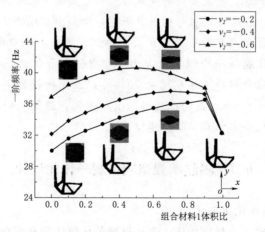

图 6.9  组分材料 1 不同体积比及组分材料 2
不同泊松比下的拓扑优化结果

表 6.3  不同组分材料和体积比下的一阶频率结果

| 组分材料 1 体积比 | 一阶频率/Hz 材料 2 泊松比－0.2 | 一阶频率/Hz 材料 2 泊松比－0.4 | 一阶频率/Hz 材料 2 泊松比－0.6 |
|---|---|---|---|
| 0 | 30.0239 | 32.1530 | 36.8994 |
| 0.1 | 31.6103 | 33.8634 | 38.4629 |
| 0.2 | 32.5680 | 34.9041 | 39.2848 |
| 0.3 | 33.4659 | 35.8289 | 40.0204 |
| 0.4 | 34.2598 | 36.5633 | 40.5385 |
| 0.5 | 34.9178 | 37.0943 | 40.6611 |
| 0.6 | 35.5098 | 37.4529 | 40.4840 |
| 0.7 | 36.0271 | 37.6615 | 39.9399 |
| 0.8 | 36.2043 | 37.5341 | 39.1310 |
| 0.9 | 36.5752 | 37.2970 | 38.0750 |
| 1.0 | 32.3502 | 32.3502 | 32.3502 |

由结果可知，对于相同的体积比，优化获得的一阶频率值随着组分材料 2 泊松比值的减小而增加，这和第 5 章材料设计中的结论相互一致，即复合材料等效弹性模量数值由组分材料泊松比的差决定。在给定的组分材料 2 下，一阶频率曲线峰值对应的组分材料 1 体积比有所不同。在较宽的组分材料 1 体积比范围内，一体化优化获得一阶频率值大于单相材料拓扑优化获得的频率值。对于组分材料 1 体积比为 70% 时，组分材料 2 体积比分别为－0.2 和－0.6 对应的微观结构有所不同，这说明组分材料的泊松比数值会影响最优拓扑构型。

## 6.3  隔热承载型宏微观一体化设计

### 6.3.1  拓扑优化列式

与常规实心材料相比，多孔材料的优势体现在多功能上，例如抗屈曲、隔热、隔声、渗透性和吸附性好等优点。这里提出隔热承载性宏微观一体化设计，即发挥多孔材料隔热的优势，同时

兼顾外界承载的能力，在满足宏观机械性能和微观导热性能设计要求下，尽可能满足重量最小，其数学表达式为

$$
\begin{cases}
\min: W \\
\text{s. t. }: d_k \leqslant \overline{d}_k \quad (k = 1, 2, \cdots, K) \\
\sum_{s=1}^{2} \boldsymbol{\kappa}_{ss}^{\mathrm{H}} \leqslant \overline{\kappa} \\
0 < P_{\min} \leqslant P_i \leqslant 1, 0 < r_{\min} \leqslant r_j \leqslant 1
\end{cases}
\tag{6.12}
$$

式中　$W$——总重量；

$\quad\quad d_k$——第 $k$ 个节点位移；

$\quad\quad \overline{d}_k$——第 $k$ 个节点位移对应的上限值；

$\quad\quad \boldsymbol{\kappa}^{\mathrm{H}}$——等效导热矩阵，对于二维问题，包括 $x$ 和 $y$ 两个方向数值；

$\quad\quad \overline{\kappa}$——等效导热系数上限值；

下角 $ss$——对角线元素。

遵循 ICM 建模法则，引入宏微观密度函数的倒变量，即

$$
x_i = \frac{1}{P_i^p}, y_j = \frac{1}{r_j^p}
\tag{6.13}
$$

则有

$$
P_i = x_i^{-1/p}, r_j = y_j^{-1/p}
\tag{6.14}
$$

$$
\frac{\partial P_i}{\partial x_i} = -\frac{1}{p} x_i^{-(1/p+1)}, \frac{\partial r_j}{\partial y_j} = -\frac{1}{p} y_j^{-(1/p+1)}
\tag{6.15}
$$

无论是节点位移还是等效导热系数均采用一阶泰勒展开得到第 $a$ 轮优化迭代中的近似表达式，即

$$
d_k \approx d_k^{(a)} + \sum_{i=1}^{M} \frac{\partial d_k}{\partial x_i} [x_i - x_i^{(a)}] + \sum_{j=1}^{N} \frac{\partial d_k}{\partial y_j} [y_j - y_j^{(a)}]
\tag{6.16}
$$

$$
\kappa_{ss}^{\mathrm{H}} \approx \kappa_{ss}^{\mathrm{H}(a)} + \sum_{i=1}^{M} \frac{\partial \boldsymbol{\kappa}_{ss}^{\mathrm{H}}}{\partial x_i} [x_i - x_i^{(a)}] + \sum_{j=1}^{N} \frac{\partial \boldsymbol{\kappa}_{ss}^{\mathrm{H}}}{\partial y_j} [y_j - y_j^{(a)}]
\tag{6.17}
$$

结构总重量 $W$ 表达式为

$$W = \sum_{i=1}^{M} P_i W_i \rho_i^H \qquad (6.18)$$

式中　$W_i$——当宏观密度为 1 时，宏观单元 $i$ 的重量；

　　　$\rho_i^H$——第 $i$ 个单元的等效密度。其表达式为

$$\rho_i^H = \frac{\sum_{j=1}^{N} W_j r_j \rho}{W_i} \qquad (6.19)$$

式中　$W_j$——当微观密度为 1 时，微观单元 $j$ 的重量。

由此可得，$W$ 对设计变量一阶敏度表达式为

$$\frac{\partial W}{\partial x_i} = -\frac{\rho}{p} x_i^{-(1/p+1)} \left( \sum_{j=1}^{N} W_j y_j^{-1/p} \right) \qquad (6.20)$$

$$\frac{\partial W}{\partial y_j} = -\frac{\rho W_j y_j^{-(1/p+1)}}{p} \sum_{i=1}^{M} x_i^{-1/p} \qquad (6.21)$$

$W$ 对设计变量的二阶敏度表达式为

$$\frac{\partial^2 W}{\partial x_i^2} = \frac{(p+1)\rho}{p^2} x_i^{-(1/p+2)} \left( \sum_{j=1}^{N} W_j y_j^{-1/p} \right) \qquad (6.22)$$

$$\frac{\partial^2 W}{\partial y_j^2} = \frac{(p+1)}{p^2} \rho W_j y_j^{-(1/p+2)} \sum_{i=1}^{M} x_i^{-1/p} \qquad (6.23)$$

$$\frac{\partial^2 W}{\partial x_i \partial y_j} = \frac{\rho W_j}{p^2} x_i^{-(1/p+1)} y_j^{-(1/p+1)} \qquad (6.24)$$

在目标函数总质量一阶和二阶敏度已知的情况下，按照第 4 章节内容，建立二次规划子模型，并采用 SQP 求解，这里不再详细叙述其过程。

### 6.3.2　数值算例

在不加说明的情况下，材料弹性为 210GPa，泊松比 0.3，导热系数 40W/(m·K)。为方便起见，优化结果采用重量比表示。

【算例 1】　如图 6.10 所示的悬臂梁结构，结构尺寸为 120cm×60cm，厚度为 1cm。左端面全支撑，在右边中点处受到垂直向下载荷作用，载荷大小为 100kN。采用三种不同初始微结构，即 $D=5l/8$，$l/2$ 和 $3l/8$。周期性微结构被离散为 80×80 个 4 节点四边形单元。微结构初始密度分布如图 6.11 所示，其

中微结构长为 $l$，正中位置有一个直径为 $D$ 的圆孔结构。在初始结构中，圆孔内外的密度值分别为 0.9 和 0.45。在不同初始微结构下，优化宏微观结构和对应的材料特性见表 6.1。

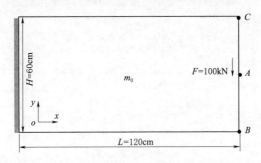

图 6.10　悬臂梁结构

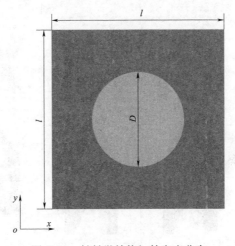

图 6.11　材料微结构初始密度分布

由表 6.4 可知，优化宏观结构相似，但微观结构大不相同。在没有施加任何对称约束的前提下，宏微观优化结构具有几何对称性。在所有的情况下，节点位移和等效导热系数均位于约束临界状态。三种初始结构得到的最优结构重量比相似。由上述结果可以推断，与材料设计相似，初始结构将影响一体化设计结果。

表 6.4　不同初始微结构下的拓扑优化结构

| 直径 | 重量比 | 节点 $A$ 位移/cm | 宏观结构 | 微观结构 | 等效弹性矩阵 $\boldsymbol{D}^{\mathrm{H}}/(\times 10^{10}\,\mathrm{Pa})$ | 等效导热矩阵 $\boldsymbol{\kappa}^{\mathrm{H}}/[\mathrm{W}/(\mathrm{m}\cdot\mathrm{K})]$ |
|---|---|---|---|---|---|---|
| $5l/8$ | 0.358 | 0.800 | | | $\begin{bmatrix} 9.8027 & 1.7863 & 0 \\ 1.7863 & 1.9910 & 0 \\ 0 & 0 & 1.9025 \end{bmatrix}$ | $\begin{bmatrix} 17.6935 & 0 \\ 0 & 7.2114 \end{bmatrix}$ |
| $l/2$ | 0.365 | 0.800 | | | $\begin{bmatrix} 9.5829 & 1.5858 & 0 \\ 1.5858 & 1.9910 & 0 \\ 0 & 0 & 1.6686 \end{bmatrix}$ | $\begin{bmatrix} 17.4168 & 0 \\ 0 & 7.5532 \end{bmatrix}$ |
| $3l/8$ | 0.369 | 0.800 | | | $\begin{bmatrix} 9.7710 & 1.6096 & 0 \\ 1.6096 & 2.3651 & 0 \\ 0 & 0 & 1.6805 \end{bmatrix}$ | $\begin{bmatrix} 17.6979 & 0 \\ 0 & 7.2430 \end{bmatrix}$ |

**【算例 2】** 本算例用于考察节点位移对优化结果的影响。设等效导热系数满足 $\sum_{s=1}^{2} \kappa_{ss}^{\mathrm{H}} \leqslant 30\mathrm{W/(m \cdot K)}$，节点位移约束从 $-1.2$ 到 $-0.6\mathrm{cm}$ 之间变化，其他参数与算例 1 相同。不同节点位移约束下的拓扑优化结果如图 6.12 所示。

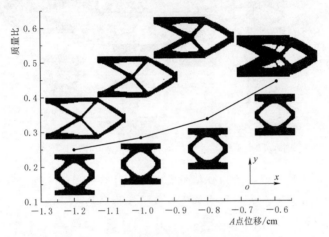

图 6.12　不同位移约束下的拓扑优化结果

由图 6.12 可知，优化微结构具有相似的拓扑构型且对应的多孔材料等效导热系数值相同。与之相反，优化宏观结构强烈依赖于节点位移限值，当系统刚度设计要求较强时，则需要更多的材料以抵抗外界载荷作用，这与工程直觉具有一致性。

**【算例 3】** 本算例用于考察对优化结果的影响。节点位移约束设置为 $u_A \geqslant -0.5\mathrm{cm}$，等效导热系数约束上限从 $36\mathrm{W/(m \cdot K)}$ 到 $48\mathrm{W/(m \cdot K)}$ 之间变化，其他参数同算例 1。不同等效导热系数约束下的拓扑优化结果如图 6.13 所示。

由图 6.13 可知，在节点位移约束固定的情况下，优化宏观结构具有相似的拓扑构型。等效导热系数约束对宏微观结构重量比影响较大。随着等效导热系数上限值的增加，宏观结构的重量比单调减小。与图 6.12 对比可知，由于对材料隔热性要求增加，

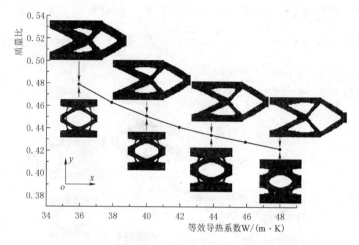

图 6.13　不同等效导热系数约束下的拓扑优化结果

更多的材料从微观结构自动向宏观结构转移。上述优化结果也说明了提出方法在宏观结构承载和微观结构隔热型一体化设计的可行性和有效性。

【算例 4】　除了载荷作用位置不同，本算例与算例 1 类似，用于说明提出方法对非对称结构的适应性。设置等效导热系数约束，$B$ 点位移约束限制为 $u_B \geqslant -0.8$ cm 到 $-1.4$ cm。对于微观结构，施加两个方向的对称约束以获得正交异性材料。其他参数与算例 1 相同。不同节点位移约束下的拓扑优化结果如图 6.14 所示。

由图 6.14 可知，优化结构重量比随着节点位移约束变化趋势与算例 1 相同。尽管对微观结构施加了相同的隔热约束条件，但拓扑优化微观构型有所不同，这也意味着微观结构也受到宏观结构性能的影响。

【算例 5】　该算例是算例 2 的进一步延伸，用于说明提出算法对多节点位移约束问题的实用性。如图 6.10 所示，两个集中力分别作用于 $B$ 和 $C$ 两点，并各自形成一个独立工况Ⅰ和Ⅱ。在工况Ⅰ下，设定节点位移约束条件 $u_C \leqslant 0.9$ cm；在工况Ⅱ下，

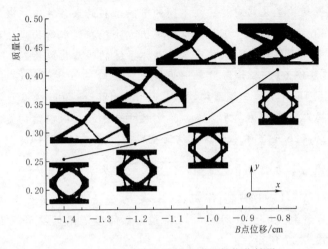

图 6.14　不同节点位移约束下拓扑优化结果

设定节点位移约束条件 $u_B \geqslant -0.8\mathrm{cm}$ 到 $-1.1\mathrm{cm}$。对微观结构施加两个方向的对称条件以获取正交异性材料。其他参数同算例2。不同节点位移 $u_B$ 约束下的拓扑优化结果如图 6.15 所示。

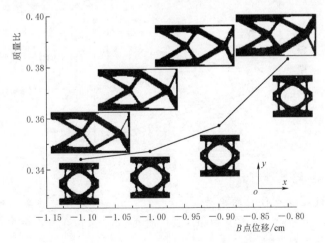

图 6.15　不同节点位移约束下的拓扑优化结果

由图 6.15 可知，当且仅当设置的位移约束条件对称时，优化宏观结构呈几何对称。在不同的节点位移约束条件下，微观优化结构彼此相似。算例结果说明提出方法能在微观结构隔热和宏观多个节点位移约束条件下实现整体系统的轻量化设计。

**【算例6】** 本算例用来说明提出方法对三维结构的适用性。如图 6.16 所示的三维结构，结构尺寸为 $48\text{cm}\times30\text{cm}\times6\text{cm}$，结构采用八节点实体单元离散，单元尺寸为 1cm。微观结构离散为 $26\times26\times26$ 个实体单元。左端面全约束，集中力 $F=1\times10^4\text{kN}$ 垂直作用于右端面中点位置。设置等效导热系数约束为 $\sum\limits_{s=1}^{2}\kappa_{ss}^{H}\leqslant 30\text{W}/(\text{m}\cdot\text{K})$，载荷作用点 $A$ 处的节点位移约束下限在 $-0.4\text{cm}$ 到 $-0.8\text{cm}$ 间变化。不同节点位移下限的拓扑优化结果如图 6.17 所示。

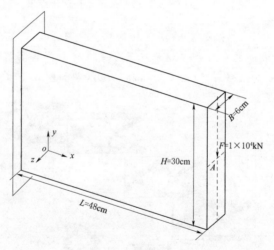

图 6.16　三维结构示意

设置节点位移约束为 $u_A\geqslant-1.0\text{cm}$，等效导热系数上限在 $30\text{W}/(\text{m}\cdot\text{K})$ 到 $40\text{W}/(\text{m}\cdot\text{K})$ 间变化，则不同等效导热约束下的拓扑优化结果如图 6.18 所示。

由图 6.18 可知，双尺度优化结果体现了材料隔热和宏观结构刚度之间的协调性，两种情况下的拓扑优化结果规律与二维结

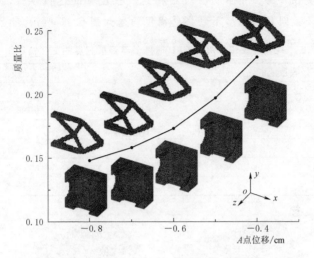

图 6.17　不同节点位移下限的拓扑优化结果

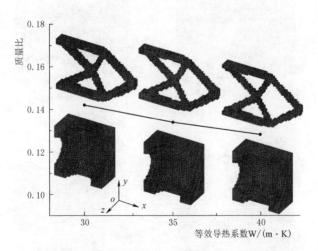

图 6.18　不同等效导热系数约束下的拓扑优化结果

构一体化结果规律类似。

需要指出的是，三维结构的一体化优化设计耗时较多。在本算例中，机械性能和导热性能分别需要进行 6 次和 3 次均匀化计算。表 6.5 给出了不同微观结构离散程度下的迭代步数和 CPU 耗时。不同离散网格下的拓扑优化结果如图 6.19 所示。

表 6.5　优化迭代步数海和 CPU 时间随着离散程度的变化情况

| 离散网格 | 优化迭代步数 | CPU 时间/s |
| --- | --- | --- |
| 22×22×22 | 70 | 6864.7 |
| 26×26×26 | 64 | 10398.6 |
| 30×30×30 | 70 | 18807.4 |
| 34×34×34 | 69 | 28363.1 |
| 38×38×38 | 70 | 42088.3 |
| 42×42×42 | 70 | 64333.6 |

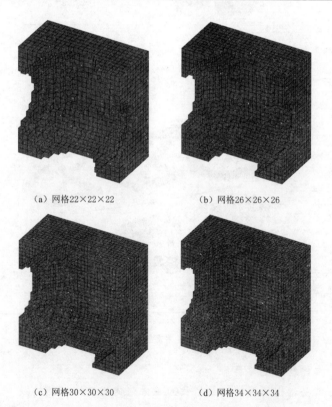

(a) 网格22×22×22　　　　　　(b) 网格26×26×26

(c) 网格30×30×30　　　　　　(d) 网格34×34×34

图 6.19（一）　不同离散网格下优化微观 1/2 结构

(e) 网格38×38×38　　　　　　(f) 网格42×42×42

图 6.19（二）　不同离散网格下优化微观 1/2 结构

　　由表 6.5 可知，当网格离散程度加大时，CPU 消耗时间将迅速增大，在提出的算法下，优化迭代次数与网格离散程度之间具有无关性，随着网格数量的增加，优化结构的边界变得相对较为平。数值算例结果证明了 ICM 方法在处理隔热承载宏微观一体化设计上的有效性。

## 6.4　本章小结

　　本章节概述了结构与材料一体化设计方法，基于均匀化理论实现了宏微观的连接关系，分别采用 SIMP 方法和 ICM 方法建立了结构与材料一体化设计列式，通过数值算例证明了提出方法的有效性。

# 参 考 文 献

[ 1 ]  钱令希. 工程结构优化设计 [M]. 北京：水利电力出版社，1983.

[ 2 ]  Schmit LA. Structural design by systematic synthesis. Proceedings of the 2nd conference on Electronic Computation [C]. New York: ASCE, 1960: 105 – 122.

[ 3 ]  Cheng KT, Olhoff N. An investigation concerning optimal design of solid elastic plates [J]. International Journal of Solids and Structures, 1981, 17: 305 – 323.

[ 4 ]  Bendsøe MP, Kikuchi N. Generating optimal topologies in structural design using a homogenization method [J]. Computer Methods in Applied Mechanics and Engineering, 1988, 71 (2): 197 – 224.

[ 5 ]  Bendsøe MP. Optimal shape design as a material distribution problem [J]. Structural and Multidisciplinary Optimization, 1989, 1: 193 – 202.

[ 6 ]  Zhou M, Rozvany GIN. The COC algorithm, part II: topological, geometry and generalized shape optimization [J]. Computer Methods in Applied Mechanics and Engineering, 1991, 89 (1 – 3): 309 – 336.

[ 7 ]  Stolpe M, Svanberg K. An alternative interpolation scheme for minimum compliance topology optimization [J]. Structural and Multidisciplinary Optimization, 2001, 22 (2): 116 – 124.

[ 8 ]  Bruns TE, Tortorelli DA. Topology optimization of non – linear elastic structures and compliant mechanisms [J]. Computer Methods in Applied Mechanics and Engineering, 2001, 190 (26 – 27): 3443 – 3459.

[ 9 ]  Bourdin B. Filters in topology optimization [J]. International Journal for Numerical Methods in Engineering, 2001, 50 (9): 2143 – 2158.

[10]  Lazarov BS, Sigmund O. Filters in topology optimization based on Helmholtz – type differential equations [J]. International Journal for Numerical Methods in Engineering, 2011, 86 (6): 765 – 781.

[11]  Xu S, Cai Y, Cheng G. Volume preserving nonlinear density filter based on heaviside functions [J]. Structural and Multidisciplinary Optimization, 2010, 41: 495 – 505.

[12]  Wang F, Lazarov B, Sigmund O. On projection methods, convergence and

robust formulations in topology optimization [J]. Structural and Multidisciplinary Optimization, 2011, 43 (6): 767 – 784.

[13] Sigmund O. A 99 line topology optimization code written in MATLAB [J]. Structural and Multidisciplinary Optimization, 2001, 21: 120 – 127.

[14] Andreassen E, Clausen A, Schevenels M, et al. Efficient topology optimization in MATLAB using 88 lines of code [J]. Structural and Multidisciplinary Optimization, 2011, 43: 1 – 16.

[15] Ferrari F, Sigmund O. A new generation 99 line Matlab code for compliance topology optimization and its extension to 3D [J]. Structural and Multidisciplinary Optimization, 2020, 62: 2211 – 2228.

[16] Liu K, Tovar A. An efficient 3D topology optimization code written in Matlab [J]. Structural and Multidisciplinary Optimization, 2014, 50: 1175 – 1196.

[17] Xie Y M, Steven G P. A simple evolutionary procedure for structural optimization [J]. Computers & Structures, 1993, 49 (5): 885 – 896.

[18] Querin, O M, Young, V, Steven, G P, et al. Computational efficiency and validation of bi – directional evolutionary structural optimization [J]. Computer Methods in Applied Mechanics and Engineering, 2000, 189 (2): 559 – 573.

[19] Xia L, Xia Q, Huang X, et al. Bi – directional evolutionary structural optimization on advanced structures and materials: a comprehensive review [J]. Archives of Computational Methods in Engineering, 2018, 25: 437 – 478.

[20] Huang X, Xie Y M. Evolutionary topology optimization of continuum structures: methods and applications [M]. John Wiley & Sons, Ltd, 2010.

[21] 隋允康, 彭细荣. 结构拓扑优化 ICM 方法的改善 [J]. 力学学报, 2005, 37 (2): 190 – 198.

[22] 隋允康. 建模·变换·优化——结构综合方法新进展 [M]. 大连: 大连理工大学出版社, 1996.

[23] 隋允康, 叶红玲. 连续体结构拓扑优化的 ICM 方法 [M]. 北京: 科学出版社, 2013.

[24] Osher S, Sethian J A. Fronts propagating with curvature – dependent speed: algorithms based on Hamilton – Jacobi formulations [J]. Journal of Computational Physics, 1988. 79 (1): 12 – 49.

[25] Sethian J A, Wiegmann A. Structural boundary design via level set and

immersed interface methods [J]. Journal of Computational Physics, 2000, 163 (2): 489 - 528.

[26] Wang MY, Wang XM, Guo DM. A level set method for structural topology optimization [J]. Computer Methods in Applied Mechanics and Engineering, 2003, 192 (1 - 2): 227 - 246.

[27] Allaire G, Jouve F, Toader AM. Structural optimization using sensitivity analysis and a level - set method [J]. Journal of Computational Physics, 2004, 194 (1): 363 - 393.

[28] Wang SY, Wang MY. Radial basis functions and level set method for structural topology optimization [J]. International Journal for Numerical Methods in Engineering, 2006, 65 (12): 2060 - 2090.

[29] Wang MY, Wei P. The augmented Lagrangian method in structural shape and topology optimization with RBF based level set method [C]. Cjk - Osm 4: The Fourth China - Japan - Korea Joint Symposium on Optimization of Structural and Mechanical Systems, 2006: 191 - 196.

[30] Luo Z, Wang MY, Wang SY, Wei P. A level set - based parameterization method for structural shape and topology optimization [J]. International Journal for Numerical Methods in Engineering, 2008, 76 (1): 1 - 26.

[31] Wei P, Li ZY, Li XP, Wang MY. An 88 - line MATLAB code for the parameterized level set method based topology optimization using radial basis functions [J]. Structural and Multidisciplinary Optimization, 2018, 58 (2): 831 - 849.

[32] Belytschko T, Xiao SP, Parimi C. Topology optimization with implicit functions and regularization [J]. International Journal for Numerical Methods in Engineering, 2003, 57 (8) .1177 - 1196.

[33] Kang Z. Structural shape and topology optimization with implicit and parametric representations [C]. Mechanical and Automation Engineering. The Chinese University of Hong Kong. 2010.

[34] Wang MY, Wei P. Topology optimization with level set method incorporating topological derivatives [C]. 6th World Congresses of Structural and Multidisciplinary Optimization. Rio de Janeiro, Brazil, 2005.

[35] Wei P, Wang MY. Piecewise constant level set method for structural topology optimization [J]. International Journal for Numerical

Methods in Engineering, 2009, 78 (4): 379 - 402.

[36] Yamada T, Lzui K, Nishiwaki S, et al. A topology optimization method based on the level set method incorporating a fictitious interface energy [J]. Computer Methods in Applied Mechanics and Engineering, 2010, 199 (45 - 48): 2876 - 2891.

[37] Kang Z, Wang YQ. A nodal variable method of structural topology optimization based on Shepard interpolant [J]. International Journal for Numerical Methods in Engineering, 2012, 90 (3): 329 - 342.

[38] Xia Q, Shi TL, Xia L. Topology optimization for heat conduction by combining level set method and BESO method [J]. International Journal of Heat and Mass Transfer, 2018, 127: 200 - 209.

[39] Wei P, Wang WW, Yang Y, et al. Level set band method: A combination of density - based and level set methods for the topology optimization of continuums [J]. Frontiers of Mechanical Engineering, 2020, 15 (3): 390 - 405.

[40] Zhang W, Zhang J, Guo X. Lagrangican description based topoogy optimization - a revival of shape optimization [J]. Journal of Applied Mechanics, 2016, 83 (4): 041010.

[41] Guo X, Zhang W, Zhang J, et al. Explicit structural topology optimization based on moving morphable components (MMC) with curved skeletons [J]. Computer Methods in Applied Mechanics and Engineering, 2016, 310: 711 - 748.

[42] Norato JA, Bell BK, Tortorelli DA. A geometry projection method for continuum - based topology optimization with discrete elements [J]. Computer Methods in Applied Mechanics and Engineering, 2015, 293: 306 - 327.

[43] Zhou Y, Zhang W, Zhu J, et al. Feature - driven topology optimization method with signd distrance function [J]. Computer Methods in Applied Mechanics and Engineering, 2016, 310: 1 - 32.

[44] Zhang W, Chen J, Zhu X, et al. Explicit three dimensional topology via moving morphable void (MMV) approach [J]. Computer Methods in Applied Mechanics and Engineering, 2017, 322: 590 - 614.

[45] Zhang W, Li D, Zhang J, et al. Minimum length scale control in structural topology optimization based on the moving morphable components (MMC) approach [J]. Computer Methods in Applied Me-

chanics and Engineering, 2016, 311: 327-355.

[46] Wang R, Zhang X, Zhu B. Imposing minimum length scale in moving morphable component (MMC) - based topology optimization using an effective connection status (ECS) control method [J]. Computer Methods in Applied Mechanics and Engineering, 2019, 351: 667-693.

[47] Guo X, Zhou J, Zhang W, et al. Self - supporting structure design in addivitve manufacturing through explicit topology optimization [J]. Computer Methods in Applied Mechanics and Engineering, 2017, 323: 27-63.

[48] Zhang S, Gain AL, Norato JA. Stress - based topology optimization with discrete geometric components [J]. Computer Methods in Applied Mechanics and Engineering, 2017, 325: 1-21.

[49] Zhang W, Li D, Zhu J, et al. A moving morphable void (MMV) - based explicit approach for topology optimizaiton considering stress constraints [J]. Computer Methods in Applied Mechanics and Engineering, 2018, 334: 381-413.

[50] 彼得 W. 克里斯腾森, 安德斯·克拉布林. 结构优化导论 [M]. 苏文政, 刘书田, 译. 北京: 机械工业出版社, 2017.

[51] Groenwold AA, Etman LFP. Sequential approximate optimization using dual subproblems based on incomplete series expansions [J]. Structural and Multidisciplinary Optimization, 2008, 36: 547-570.

[52] Groenwold AA, Etman LFP. A quadratic approximation for structural topology optimization [J]. International Journal for Numerical Methods in Engineering, 2010, 82 (4): 505-524.

[53] Groenwold AA, Etman LFP, Wood DW. Approximated approximations for SAO [J]. Structural and Multidisciplinary Optimization, 2010, 41: 39-56.

[54] Etman LFP, Groenwold AA, Rooda JE. First - order sequential convex programming using approximate diagonal QP subproblems [J]. Structural and Multidisciplinary Optimization, 2012, 45: 479-488.

[55] Rojas - Labanda S, Stolpe M. Benchmarking optimization solvers for structural topology optimization [J]. Structural and Multidisciplinary Optimization, 2015, 52: 527-547.

[56] Rojas - Labanda S, Stolpe M. An efficient second - order SQP method for structural topology optimization [J]. Structural and Multidiscipli-

nary Optimization, 2016, 53: 1315 - 1333.

[57] Fluery C, Braiband V. Structural optimization: a new dual method using mixed variables [J]. International Journal for Numerical Methods in Engineering, 1986, 23 (3): 409 - 428.

[58] Fluery C. Efficient approximation concepts using second order information [J]. International Journal for Numerical Methods in Engineering, 1989, 28 (9): 2041 - 2058.

[59] Svanberg K. The method of moving asymptotes - a new method for structural optimization [J]. International Journal for Numerical Methods in Engineering, 1987, 24 (2): 359 - 373.

[60] Svanberg K. A class of globally convergent optimization methods based on conservative convex separable approximations [J]. SIAM Journal on Optimizaiton, 2002, 12 (2): 555 - 573.

[61] Bendsøe MP, Sigmund O. Topology optimization - theory, methods and applications [M]. Springer: Berlin, 2004.

[62] 杜建镔. 结构优化及其在振动和声学设计中的应用 [M]. 北京: 清华大学出版社, 2015.

[63] Chen Z, Long K, Wang X, Liu J, Saeed N. A new geometrically nonlinear topology optimization formulation for controlling maximum displacement [J]. Engineering Optimization, 2021, 53 (8): 1283 - 1297.

[64] Long K, Yang X, Saeed N, et al. Topology optimization of transient problem with maximum dynamic response constraint using SOAR scheme [J]. Frontiers of Mechanical Engineering, 2021, 16 (3): 14.

[65] Buhl T, Pedersen CBW, Sigmund O. Stiffness design of geometrically nonlinear structures using topology optimization [J]. Structural and Multidisciplinary Optimization, 2000, 19 (2): 93 - 104.

[66] Kemmler R, Lipka A, Ramm E. Large deformations and stability in topology optimization [J]. Structural and Multidisciplinary Optimization, 2005, 30 (6): 459 - 476.

[67] Pedersen CBW, Buhl T, Sigmund O. Topology synthesis of large - displacement compliant mechanisms [J]. International Journal for Numerical Methods in Engineering, 2001, 50 (12): 2683 - 2705.

[68] Luo Y, Wang MY, Kang Z. Topology optimization of geometrically

nonlinear structures based on an additive hyperelasticity technique [J]. Computer Methods in Applied Mechanics and engineering, 2015, 286: 422 – 441.

[69] Lahuerta RD, Simões ET, Campello EMB, et al. Towards the stabilization of the low density elements in topology optimization with large deformation [J]. Computational Mechanics, 2013, 52 (4): 779 – 797.

[70] Wang F, Lazarov BS, Sigmund O, et al. Interpolation scheme for fictitious domain techniques and topology optimization of finite strain elastic problems [J]. Computer Methods in Applied Mechanics and Engineering, 2014, 276: 453 – 472.

[71] Wallin M, Ivarsson N, Tortorelli D. Stiffness optimization of non – linear elastic structures [J]. Computer Methods in Applied Mechanics and Engineering, 2018, 330: 292 – 307.

[72] Bruns TE, Sigmund O, Tortorelli DA. Numerical methods for the topology optimization of structures that exhibit snap - through [J]. International Journal for Numerical Methods in Engineering, 2002, 55 (10): 1215 – 1237.

[73] Gomes FAM, Senne TA. An algorithm for the topology optimization of geometrically nonlinear structures [J]. International Journal for Numerical Methods in Engineering, 2014, 99 (6): 391 – 409.

[74] Jansen M, Lombaert G, Schevenels M. Robust topology optimization of structures with imperfect geometry based on geometric nonlinear a-nalysis [J]. Computer Methods in Applied Mechanics and Engineering, 2015, 285: 452 – 467.

[75] Huang X, Xie YM. Bidirectional evolutionary topology optimization for structures with geometrical and material nonlinearities [J]. AIAA Journal, 2007, 45 (1): 308 – 313.

[76] Ha SH, Cho S. Level set based topological shape optimization of geo-metrically nonlinear structures using unstructured mesh [J]. Comput-ers & structures, 2008, 86 (13 – 14): 1447 – 1455.

[77] Zhu B, Chen Q, Wang R, et al. Structural topology optimization u-sing a moving morphable component – based method considering geo-metrical nonlinearity [J]. Journal of Mechanical Design, 2018, 140 (8): 081403.

[78] Abdi M, Ashcroft I, Wildman R. Topology optimization of geometri-

cally nonlinear structures using an evolutionary optimization method [J]. Engineering Optimization, 2018, 50 (11): 1850 - 1870.

[79] Cho S, Kwak J. Topology design optimization of geometrically non - linear structures using meshfree method [J]. Computer Methods in Applied Mechanics and Engineering, 2006, 195 (44 - 47): 5909 - 5925.

[80] He Q, Kang Z, Wang Y. A topology optimization method for geometrically nonlinear structures with meshless analysis and independent density field interpolation [J]. Computational Mechanics, 2014, 54 (3): 629 - 644.

[81] Zheng J, Yang X, Long S. Topology optimization with geometrically non - linear based on the element free Galerkin method [J]. International Journal of Mechanics and Materials in Design, 2015, 11 (3): 231 - 241.

[82] Chen Q, Zhang X, Zhu B. A 213 - line topology optimization code for geometrically nonlinear structures [J]. Structural and Multidisciplinary Optimization, 2019, 59 (5): 1863 - 1879.

[83] Zhu B, Zhang X, Li H, et al. An 89 - line code for geometrically nonlinear topology optimization written in FreeFEM [J]. Structural and Multidisciplinary Optimization, 2021, 63 (2): 1015 - 1027.

[84] Han Y, Xu B, Liu Y. An efficient 137 - line MATLAB code for geometrically nonlinear topology optimization using bi - directional evolutionary structural optimization method [J]. Structural and Multidisciplinary Optimization, 2021, 63: 2571 - 2588.

[85] Li Y, Zhu J, Wang F, et al. Shape preserving design of geometrically nonlinear structures using topology optimization [J]. Structural and Multidisciplinary Optimization, 2019, 59 (4): 1033 - 1051.

[86] Geiss MJ, Boddeti N, Weeger O, et al. Combined level - set - XFEM - density topology optimization of four - dimensional printed structures undergoing large deformation [J]. Journal of Mechanical Design, 2019, 141 (5).

[87] Diaaz AR, Kikuchi N. Solution to shape and topology eigenvalue optimization problems using a homogenization method [J]. International Journal for Numerical Methods in Engineering, 1992, 35 (7): 1487 - 1502.

[88] Pedersen NL. Maximization of eigenvalues using topology optimization [J]. Structural and Multidisciplinary Optimization, 2000, 20: 2 - 11.

[89] Du J, Olhoff N. Topological design of freely vibrating continuum structures

for maximum values of simple and multiple eigenfrequencies and frequency gaps [J]. Structural and Multidisciplinary Optimization, 2007, 34 (2): 91 -110.

[90] Li Q, Wu Q, Liu J, et al. Topology optimization of vibrating structures with frequency band constraints [J]. Structural and Multidisciplinary Optimization, 2021, 63: 1203 - 1218.

[91] Niu B, Yan J, Cheng G. Optimum structure with homogeneous optimum cellular material for maximum fundamental frequency [J]. Structural and Multidisciplinary Optimization, 2009, 39 (2): 115 - 132.

[92] Long K, Han D, Gu X. Concurrent topology optimization of composite macrostructure and microstructure constructed by constituent phases of distinct Poisson's ratios for maximum frequency [J]. Computational Materials Science, 2017, 129: 194 - 201.

[93] Ma ZD, Kikuchi N, Cheng HC. Topological design for vibrating structures [J]. Computer Methods in Applied Mechanics and Engineering, 1995, 121 (1 - 4): 259 - 280.

[94] Jog CS. Topology design of structures subjected to periodic loading [J]. Journal of Sound and Vibration, 2002, 253 (3): 687 - 679.

[95] Olhoff N, Du J. Generalized incremental frequency method for topological design of continuum structures for minimum dynamic compliance subject to forced vibration at a prescribed low or high value of the excitation frequency [J]. Structural and Multidisciplinary Optimization, 2016, 54: 1113 - 1141.

[96] Niu B, He X, Shan Y, et al. On objective functions of minimizing the vibration response of continuum structures subject to external harmonic excitation [J]. Structural and Multidisciplinary Optimization, 2018, 57: 2291 - 2307.

[97] Yoon GH. Structural topology optimization for frequency response problem using model reduction schemes [J]. Computer Methods in Applied Mechanics and Engineering, 2010, 199 (25 - 28): 1744 - 1763.

[98] Liu H, Zhang W, Gao T. A comparative study of dynamic analysis methods for structural topology optimization under harmonic force excitations [J]. Structural and Multidisciplinary Optimization, 2015, 51: 1321 - 1333.

[ 99 ] Zhu J, He F, Liu T, et al. Structural topology optimization under harmonic base acceleration excitations [J]. Structural and Multidisciplinary Optimization, 2018, 57: 1061 - 1078.

[100] Long K, Wang X, Liu H. Stress - constrained topology optimization of continuum structures subjected to harmonic force excitation using sequential quadratic programming [J]. Structural and Multidisciplinary Optimization, 2019, 59: 1747 - 1759.

[101] Kang B S, Park G J, Arora J S. A review of optimization of structures subjected to transient loads [J]. Structural Multidisciplinary Optimization, 2006, 31: 81 - 95.

[102] Min S, Kikuchi N, Park Y, et al. Optimal topology design of structures under dynamic loads [J]. Structural and Multidisciplinary Optimization, 1999, 17 (2 - 3): 208 - 218.

[103] Turteltaub S. Optimal non - homogeneous composites for dynamic loading [J]. Structural and Multidisciplinary Optimization, 2005, 30 (2): 101 - 112.

[104] Zhao J P, Wang C J. Topology optimization for minimizing the maximum dynamic response in the time domain using aggregation functional method [J]. Computers & Structures, 2017, 190: 41 - 60.

[105] Zhao J P, Wang C J. Dynamic response topology optimization in the time domain using model reduction method [J]. Structural and Multidisciplinary Optimization, 2016, 53: 101 - 114.

[106] Zhao J P, Yoon H, Youn B D. Concurrent topology optimization with uniform microstructure for minimizing dynamic response in the time domain [J]. Computers & Structures, 2019, 222: 98 - 117.

[107] Long K, Gu C, Wang X, Liu J, Du Y, Chen Z, Saeed N. A novel minimum weight formulation of topology optimization implemented with reanalysis approach [J]. International Journal for Numerical Methods in Engineering, 2019, 120 (5): 567 - 579.

[108] Long K, Wang X, Gu X. Local optimum in multi - material topology optimization and solution by reciprocal variables [J]. Structural and Multidisplinary Optimization, 2018, 57 (3): 1283 - 1295.

[109] 龙凯, 谷先广, 王选. 基于多相材料的连续体结构动态轻量化设计方法 [J]. 航空学报, 2017, 38 (10): 221022.

[110] Long K, Wang X, Du Y. Robust topology optimization formulation

including local failure and load uncertainty using sequential quadratic programming [J]. International Journal of Mechanics and Materials in Design，2019，15（2）：317 - 332.

[111] Long K，Wang X，Liu H. stress - constrained topology optimization of continuum structures subjected to harmonic force excitation using sequential quadratic programming [J]. Structural and Multidisciplinary Optimization，2019，59（5）：1747 - 1759.

[112] 龙凯，王选，吉亮. 面向应力约束的独立连续映射方法 [J]. 力学学报，2019，51（2）：620 - 629.

[113] 钱令希，钟万勰，程耿东，等. 工程结构优化的序列二次规划 [J]. 固体力学学报，1983，4：469 - 480.

[114] Qian L，Zhong W，Sui Y，Zhang J. Efficient optimum design of structures - program DDDU [J]. Computer Methods in Applied Mechanics and Engineering，1982，30（2）：209 - 224.

[115] Amir O，Bendsøe MP，Sigmund O. Approximate reanalysis in topology optimization ［J］. International Journal for Numerical Methods in Engineering，2009，78（12）：1474 - 1491.

[116] Amir O，Aage N，Lazarov BS. On multigrid - CG for efficient topology optimization [J]. Structural and Multidisciplinary Optimization，2014，49（5）：815 - 829.

[117] Amir O. Revisiting approximate reanalysis in topology optimization：on the advantages of recycled preconditioning in a minimum weight procedure [J]. Structural and Multidisciplinary Optimization，2015，51（1）：41 - 57.

[118] Jansen M，Lombaert G，Schevenels M，et al. Topology optimization of fail - safe structures using a simplified local damage model [J]. Structural and Multidisciplinary Optimization，2014，49（4）：657 - 666.

[119] Zhou M，Fleury R. Fail - safe topology optimizaition [J]. Structural and Multidisciplinary Optimization，2016，54（7）：1225 - 1243.

[120] Duysinx P，Bensøe MP. Topology optimization of continuum structures with local stress constraints [J]. International Journal for Numerical Methods in Engineering，1998，43（8）：1453 - 1478.

[121] Cheng GD，Guo X. Epsilon - relaxed approach in structural topology optimization ［J］. Structural and Multidisciplinary Optimization，1997，10（1）：40 - 45.

[122] Yang RJ, Chen CJ. Stress - based topology optimization [J]. Structural and Multidisciplinary Optimization, 1996, 12 (2): 98 - 105.

[123] Yang D, Liu H, Zhang W, et al. Stress - constrained topology optimization based on maximum stress measures [J]. Computers & Structures, 2018, 198: 23 - 29.

[124] Sigmund O. Materials with prescribed constitutive parameters: an inverse homogenization problem [J]. Intenational Journal of Solids and Structures, 1994, 31 (17): 2313 - 2329.

[125] Gibiansky LV, Sigmund O. Multiphase composites with extremal bulk modulus [J]. Journal of the Mechanics and Physics of Solids, 2000, 48 (3): 461 - 498.

[126] Osanov M, Guest JK. Topology optimization for architected materials design [J]. Auunal Review of Materials Reachach, 2016, 46: 211 - 233.

[127] Liu B, Zhang LX, Gao HJ. Poisson ratio can play a crucial role in mechanical properties of biocomposites [J]. Mechanics of Materials, 2006, 38 (12): 1128 - 1142.

[128] Liu B, Feng X, Zhang SM. The effective Young's modulus of composites beyond the Voigt estimation due to the Poisson effectc [J]. Composites Science and Technology, 2009, 69 (13): 2198 - 2204.

[129] Kocer C, Mckenzie DR, Bilek MM. Elastic properties of a material composed of alternating layers of negative and positive Poisson's ratio [J]. Materials Science and Engineering: A, 2009, 505 (1 - 2): 111 - 115.

[130] Strek T, Jopek H, Maruszewski BT, et al. Computational analysis of sandwich - structured composites with an auxetic phase [J]. Physica Status Solidi (b), 2014, 251 (2): 354 - 366.

[131] Shufrin I, Pasternak E, Dyskin AV. Hybrid materials with negative poisson's ratio inclusions [J]. International Journal of Engineering Science, 2015, 89: 100 - 120.

[132] Zuo ZH, Xie YM. Maximizing the effective stiffness of laminate composite materials [J]. Computational Materials Science, 2014, 83 (15): 57 - 63.

[133] Long K, Du X, Xu S, Xie YM. Maximizing the effective Young's modulus of a composite material by exploiting the Poisson effect [J]. Composite Structures, 2016, 153: 593 - 600.

[134] Long K, Yang X, Saeed N, et al. Topological design of microstructures of materials containing multiple phases of distinct Poisson's ratios [J]. Computer Modeling in Engineering & Sciences, 2021, 126 (1): 293 - 310.

[135] Hashin Z, Shtrikman S. A variational approach to the theory of the elastic behaviour of multiphase materials [J]. Journal of the Mechanics and Physics of Solids, 1963, 11 (2): 127 - 140.

[136] Andreassen E, Andreasen CS. How to determine composite material properties using numerical homogenization [J]. Computational Materials Science 2014, 83 (15): 488 - 495.

[137] Xia L, Breitkopf P. Design of materials using topology optimization and energy - based homogennization approach in Matlab [J]. Structural and Multidisciplinary Optimization, 2015, 52: 1229 - 1241.

[138] Rodrigues H, Guedes JM, Bendsoe. Hierarchical optimization of material and structure [J]. Structural and Multidisciplinary Optimization, 2002, 24 (1): 1 - 10.

[139] Coelho PG, Fernandes PR, Guedes JM, et al. A hierarchical model for concurrent material and topology optimisation of three - dimensional structures [J]. Structural and Multidisciplinary Optimization, 2008, 35 (2): 107 - 115.

[140] Zhang W, Sun S. Scale - related topology optimization of cellular materials and structures [J]. International Journal for Numerical Methods in Engineering, 2006, 68 (9): 993 - 1011.

[141] Liu L, Yan J, Cheng G. Optimum structure with homogeneous optimum truss - like material [J]. Computers & Structures, 2008, 86 (13 - 14): 1417 - 1425.

[142] Niu B, Yan J, Cheng G. Optimum structure with homogeneous optimum cellular material for maximum fundamental frequency [J]. Structural and Multidisciplinary Optimization, 2009, 39 (2): 115 - 132.

[143] Deng J, Yan J, Cheng G. Multi - objective concurrent topology optimization of thermoelastic structures composed of homogeneous porous material [J]. Structural and Multidisciplinary Optimization, 2013, 47 (4): 583 - 597.

[144] Xia L. Breitkopf P. Recent advances on topology optimization of multiscale nonlinear structures [J]. Archives of Computational Methods

in Engineering, 2017, 24: 227 - 249.

[145] Long K, Han D, Gu X. Concurrent topology optimization of composite macrostructure and microstructure constructed by constituent phases of distinct Poisson's ratios for maximum frequency [J]. Computational Materials Science, 2017, 129: 194 - 201.

[146] Jia J, Da D, Hu J, Yin S. Crashworthiness design of periodic cellular structures using topology optimization [J]. Composite Structures, 2021, 271: 114164.

[147] Radman A, Huang X, Xie YM. Topology optimization of functicnally graded cellular materials [J]. Journal of Materials Science, 2013, 48 (4): 1503 - 1510.

[148] Wang Y, Chen F, Wang M. Concurrent design with connectable graded microstructures [J]. Computer Methods in Applied Mechanics and Engineering, 2017, 317: 84 - 101.

[149] Wu Z, Xia L, Wang S, Shi T. Topology optimization of hierarchical lattice structures with substructuring [J]. Computer Methods in Applied Mechanics and Engineering, 2019, 345 (1): 602 - 617.

[150] Luo Y, Hu J, Liu S. Self - connected multi - domain topology optimization of structures with multiple dissimilar microstructures [J]. Structural and Multidisciplinary Optimization, 2021 (1): 1 - 16.

[151] Li Q, Xu R, Wu Q, Liu S. Topology optimization design of quasi - periodic cellular structures based on erode - dilate operators [J]. Computer Methods in Applied Mechanics and Engineering, 2021, 377: 113720.

[152] Pantz O, Trabelsi K. A post - treatment of the homogenization method for shape optimization [J]. SIAM Journal on Control and Optimization, 2008, 47 (3): 1380 - 1398.

[153] Groen JP, Stutz FC, Aage N, et al. De - homogenization of optimal multi - scale 3D topologies [J]. Computer Methods in Applied Mechanics and Engineering, 2020, 364: 112979.

[154] Lee J, Kwon C, Yoo J, et al. Design of spatially - varying orthotropic infill structures using multiscale topology optimization and explicit de - homogenization [J]. Additive Manufacturing, 2021, 40: 101920.

[155] Hoang VN, Pharm T, Tangaramvong S, et al. Robust adaptive topology

optimization of porous infills under loading uncertainties [J]. Structural and Multidisciplinary Optimization, 2021, 63: 2253 - 2266.

[156]  Wu J, Sigmund O, Groen JP. Topology optimization of multi - scale structure: a review [J]. Structural and Multidisciplinary Optimization, 2021, 63: 1455 - 1480.

[157]  Guest JK. Imposing maximum length scale in topology optimization [J]. Structural and Multidisciplinary Optimization, 2009, 37: 463 - 473.

[158]  Lazarov BS, Wang F, Sigmund O. Length scale and manufacturability in density - based topology optimization [J]. Archive of Applied Mechanics, 2016, 86: 189 - 218.

[159]  Lazarov BS, Wang F. Maximum length scale in density based topology optimization [J]. Computer Methods in Applied Mechanics and Engineering, 2017, 318: 826 - 844.

[160]  Carstensen JV, Guest JK. Projection - based two - phase minimum and maximum length scale control in topology optimization [J]. Structural and Multidisciplinary Optimization, 2018, 58: 1845 - 1860.

[161]  Zhao ZL, Zhou S, Feng XQ, et al. On the internal architecture of emergent plants [J]. Journal of the Mechanics and Physics of Solids, 2018, 119: 224 - 239.

[162]  Qiu W, Jin S, Wang C, et al. An evolutionary design approach to shell - infill structures [ J ]. Additive Manufacturing, 2020, 34: 101382.

[163]  Clausen A, Aage N, Sigmund O. Exploiting additive manufacturing infill in topology optimization for improved buckling load [J]. Engineering, 2016, 2 (2): 250 - 257.

[164]  Wu J, Aage N, Westermann R, et al. Infill optimization for additive manufacturing - approaching bone - like prorous structures [J]. IEEE transactions on visualization and computer graphics, 2018, 24 (2): 1127 - 1140.

[165]  Wu J, Clausen A, Sigmund O. Minimum compliance topology optimization of shell - infill composites for additive manufacturing [J]. Computer Methods in Applied Mechanics and Engineering, 2017, 326: 358 - 375.

[166]  Li H, Gao L, Li H, et al. Spatial - varying multi - phase infill

design using density – based topology optimization [J]. Computer Methods in Applied Mechanics and Engineering, 2020, 372: 113354.

[167] Sourav D, Alok S. Multi – physics topology optimization of functionally graded controllable porous structures: application to heat dissipating problems [J]. Materials &. Design, 2020, 193: 108775.

[168] Liu Y, Zhou M, Wei C, et al. Topology optimization of self – supporting infill structures [J]. Structural and Multidisciplinary Optimization, 2021, 63: 2289 – 2304.

[169] Dou S. A projection approach for topology optimization of porous structures through implicit local volume control [J]. Structural and Multidisciplinary Optimization, 2020, 62: 835 – 850.

[170] Long K, Chen Z, Zhang C, et al. An aggregation – free local volume fraction formulation for topological design of porous structure [J]. Materials, 2021, 14 (19): 5726.

[171] Hu J, Li M, Gao S. Texture – guided generative structural designs under local control [J]. Computuer Aided Design, 2019, 108: 1 – 11.

[172] Schmidt MP, Pedersen CBW, Gout C. On structural topology optimization using graded porosity control [J]. Structural and Multidisciplinary Optimization, 2019, 60: 1437 – 1453.

[173] Zhao Z, Zhang XS. Design of graded porous bone – like structures via a multi – material topology optimization approach [J]. Structural and Multidisciplinary Optimization, 2021, 64: 677 – 698.

[174] Jiang L, Guo Y, Chen S, et al. Concurrent optimization of structural topology and infill properties with a CBF – based level set method [J]. Frontiers of Mechanical Engineering, 2019, 14 (2): 171 – 189.

[175] Xia Q, Zong H, Shi T, Liu H. Optimizing cellular structures through the M – VCUT level set method with microstructure mapping and high order cutting [J]. Composite Structures, 2021, 261: 113298.

[176] Zhu Y, Li S, Du Z, et al. A novel asymptotic – analysis – based homogenisation approach towards fast design of infill graded microstructures [J]. Journal of the Mechanics and Physics of Solids, 2019, 124: 612 – 633.

[177] Hoang VN, Tran P, Nguyen NL, et al. Adaptive concurrent topology optimization of coated structures with nonperiodic infill for additive

manufacturing [J]. Computer Aided Design, 2020, 129: 102918.

[178] Wu J, Sigmund O, Groen JP. Topology optimization of multi-scale structures: a review [J]. Structural and Multidisciplinary Optimization, 2021, 63: 1455-1480.

[179] Long K, Han D, Gu X. Concurrent topology optimization of composite macrostructure and microstructure constructed by constituent phases of distinct Poisson's ratios for maximum frequency [J]. Computational Materials Science, 2017, 129: 194-201.

[180] Long K, Wang X, Gu X. Concurrent topology optimization for minimization of total mass considering load carrying capabilities and thermal insulation simultaneously [J]. Acta Mechanica Sinica, 2018, 34 (2): 315-326.